KB090931

영양교사
과 년 도
기출문제풀이

영양교사
과 년 도
기출문제풀이

NUTRITION
TEACHER

전공영양
임용시험 1차
기출문제 해설집

합격이 보인다!

영양교사
과 년 도
기출문제풀이

서윤석 지음

BM (주)도서출판 성안당

저자 약력

서 윤 석

- 충남대학교 대학원 식품영양학과 영양학 박사
- 현 | 일등고시학원 전공영양 전임교수
- 전 | 충남대학교 교육대학원 영양교육 초빙교수

  중부대학교 대학원 영양교육 외래교수

  한국교원대학교 외래교수

  충남대학교 외래교수

  중부대학교 외래교수

  배제대학교 외래교수

  한국방송통신대학교 대전 외래교수

  대전보건대학교 겸임교원

  대전소년원 급식관리위원회 외부위원

  대전광역시 동구청 통합건강증진 자문위원

  대전광역시 중구청 건강생활실천협의회 자문위원

머리말

2006년부터 초·중등교육법에 영양교사 관련 법안이 신설되어 학교에 영양교사를 두는 법적 기준이 마련되었고, 2007년 1월 처음으로 일정 교육과정을 이수하고 중등 임용시험에 합격한 기존 식품위생직 영양사가 영양교사로 전환되어 학교에 배치되었습니다. 또한 학교급식법은 학교급식의 시설과 설비를 갖춘 모든 학교에 영양교사를 채용하도록 의무화하고 있으며, 여성들의 사회 참여가 가속화되면서 학교급식의 요구도가 점차 커지고 있습니다. 이에 따라 초등학교, 중학교, 고등학교에 이르기까지 학교급식이 확대 실시되면서 앞으로 영양교사의 수요는 늘어날 전망입니다.

영양교사는 학생들의 영양과 건강 관리를 위한 식사 제공과 올바른 식습관 형성을 위한 체계적인 식생활 지도와 정보 제공, 영양상담을 하는 선생님입니다. 내가 만든 한끼가 학생들에게는 하루를 힘차게 보낼 수 있는 활력소가 되는 보람된 직업이기도 합니다.

아울러 근무기간이 길수록 늘어나는 복지와 연금은 물론이며 결혼, 출산, 각종 휴직과 휴가를 자유롭게 쓸 수 있고, 또 무엇보다 안정적인 일자리라는 점에서 영양교사는 충분히 매력적인 직업입니다. 이 때문에 사람들의 관심과 선호도가 점차 높아지는 것이겠지요.

사람들의 관심과 선호도가 높은 만큼 합격의 문턱도 그리 낮지만은 않습니다. 하지만 도전을 포기할 만큼 그리 높지도 않습니다. 체계적인 플랜을 가지고 꾸준하고 반복적인 이론 학습, 예상문제와 기출문제 풀이, 그리고 합격하고자 하는 의지를 가지고 있다면 영양교사의 꿈도 멀리 있지 않다고 생각합니다.

이 책은 2022년도 최신 기출문제를 포함한 9개년 기출문제를 빠짐없이 수록하였고, 과목별로 정리하여 효율적으로 학습할 수 있도록 구성하였습니다. 또한, 2020 한국인 영양소 섭취기준을 반영한 정확하고도 자세한 해설로 수험생들의 이해를 돕고자 하였습니다.

아무쪼록 영양교사가 되고자 하는 분들의 꿈이 꼭 이루어지기를 바라며, 이 책을 출판할 수 있도록 도움을 주신 성안당 관계자 분들에게 감사를 드립니다.

서윤석

시험안내

◆ 영양교사의 뜻과 하는 일

영양교사는 학생들이 균형 잡힌 식사를 할 수 있도록 식단을 계획하고 조리 및 식재료 공급 등을 감독하는 선생님이다. 영양교사의 주된 업무는 식단 작성, 식재료의 선정 및 검수, 위생·안전·작업 관리 및 검식, 식생활 지도, 정보 제공, 영양상담, 조리실 종사자의 지도 감독, 그 밖에 학교급식에 관한 업무를 총괄한다.

◆ 중등교사 임용시험의 개요

1. 시험명
- 공립(국, 사립) 중등학교 교사 임용후보자 선정경쟁시험

2. 응시자격(영양교사)
- 영양사 면허 취득자
- 영양교사 자격증(1, 2급) 소지자[다음 해 2월 해당 과목 교원자격증 취득 예정자 포함]
- 한국사능력검정시험 3급 이상 자격증 소지자

3. 출제원칙
- 중등학교(특수학교 포함) 교사에게 필요한 전문 지식과 자질을 종합적으로 평가
- 학교 교육 현장에서 실제적으로 적용할 수 있는 지식, 기능, 소양을 종합적으로 평가
- 지식, 이해, 적용, 분석, 종합, 평가, 문제해결, 창의, 비판, 논리적 기술 등을 종합적으로 평가하기 위해 다양한 문항유형으로 출제
- 중등학교 교사 양성기관의 교육과정을 충실히 이수한 자면 풀 수 있는 문항 출제
- '중등교사 신규임용 시도공동관리위원회'가 발표한『표시과목별 교사 자격 기준과 평가 영역 및 평가 내용 요소』를 참고하여 출제

4. 시험관리기관
- 시·도교육청 : 시행 공고, 원서 교부·접수, 문답지 운송, 시험 실시, 합격자 발표
- 한국교육과정평가원 : 1차 시험 출제 및 채점, 2차 시험 출제

5. 시험일정

- 각 시·도교육청 홈페이지의 공고문 참조

6. 시험과목 / 시험시간 / 문항유형

- 1차 시험 : 전공영양학(80점)은 서답형, 교육학(20점)은 논술형으로 출제

시험과목		교시 및 시험시간		문항유형	문항수		배점
교육학		1교시	60분	논술형	1문항		20점
전공	전공 A	2교시	90분	기입형	4문항	2점	40점
				서술형	8문항	32점	
	전공 B	3교시	90분	기입형	2문항	4점	40점
				서술형	9문항	36점	
계					24문항		100점

※ 전공 시험 과목 : 영양학, 생애주기영양학, 영양판정 및 실습, 식사요법 및 실습, 영양교육 및 상담 실습, 식품학, 조리원리 및 실습, 식품위생학, 단체급식 및 실습

- 2차 시험

시험 과목	시험 시간
교직적성 심층면접, 교수·학습 지도안 작성, 수업능력 평가(수업실연, 실기·실험)	시·도교육청 결정

※ 2차 시험은 시도별, 과목별로 다를 수 있음(시·도교육청 안내 참고).

CONTENTS

제 1 과목

영양학

영양학
기출문제와 해설

4. 다음 두 반응에 공통적으로 관여하는 조효소는 (㉠)이다. 이 조효소의 구성 성분으로, 부족하면 피부염, 설사 등을 일으키는 비타민은 (㉡)이다. 괄호 안의 ㉠, ㉡에 해당하는 용어를 순서대로 쓰시오. [2점]

○ 이소시트르산 ──────▶ α–케토글루타르산
　　(isocitric acid)　　　　　　(α–ketoglutaric acid)

○ 지방산 ──▶ ─▶ ┈┈┈▶ 아세틸 CoA
　　　　　　　　β산화

정답

㉠ NAD⁺ ㉡ 니아신

해설

① 니아신은 니코틴산(nicotinic acid)과 니코틴아미드(nicotinic acid amide)의 두 가지 형태로 존재함

② 니아신의 조효소 형태인 니코틴아미드 아데닌 디뉴클레오티드(NAD)와 니코틴아미드 아데닌 디뉴클레오티드 인산(NADP)은 체내에서 산화·환원에 관여함

  • NAD는 해당과정이나 TCA 회로, 지방산 대사, 알코올 대사과정에서 NADH로 환원되고 환원된 NADH는 전자전달계를 통해 ATP를 생성

  • NADP는 지방산 합성 및 스테로이드 합성과정의 환원반응, 5탄당 인산회로와 피루브산/말산 회로에 관여함

5. 다음은 어떤 영양소의 연령별 권장섭취량과 특성에 관한 내용이다. 이 영양소는 무엇이 며, 밑줄 친 ㉠은 무엇인지 순서대로 쓰시오. **[2점]**

○ 남자의 권장섭취량

연령(세)	6~8	9~11	12~14	15~18	19~29	30~49	50~64	65~
권장 섭취량 (mg/day)	5(6)	8	8	10	10	9(10)	9	9

자료 : 2010 한국인 영양소 섭취기준

참고 : (　)안의 수치는 2020 한국인 영양소 섭취기준

○ 특 성

　DNA 및 RNA 합성에 관여하여 성장 발달을 촉진하고 세포막의 구조를 안정하게 유지 시킨다. 소장에서 흡수되어 혈액에서 ㉠ <u>운반체</u>와 결합하여 간으로 이동한다. 동물성 단 백질이 풍부한 식품이 좋은 급원이며 식이섬유와 피틴산(phytic acid)의 섭취가 많을 때 흡수가 저해된다.

✏️ **정답**

아연　㉠ 알부민이나 α-마크로글로불린

✒️ **해설**

----

① 메탈로티오네인은 황 함유 단백질이며 소장 점막세포 내에 존재하며, 아연, 구리와 결합하여 흡 수를 조절함

② 아연 흡수 증진 요인

- 아미노산(히스티딘과 시스테인)은 아연과 결합하여 아연의 소장 내 용해도를 유지하는 데 도움 을 주어 흡수를 증진함
- 시트르산(구연산)이나 피콜린산 같은 작은 분자량의 유기산도 아연과 결합하여 흡수율을 높임
- 동물성 식품 : 육류, 조개류, 간

③ 아연 흡수 방해 요인

- 피트산
- 옥살산, 폴리페놀, 일부 식이섬유도 아연과 결합하여 흡수를 방해함
- 2가 이온 무기질은 소장에서의 흡수과정에서 아연과 서로 경쟁하여 흡수를 방해함

2015년도 기출문제 A형 / 기입형

2. 다음 괄호 안의 ㉠, ㉡에 해당하는 명칭을 순서대로 쓰시오. [2점]

> 섭취한 구리는 대부분 소장에서 흡수되며, 사용되고 남은 구리는 주로 (㉠)을/를 통해 대변으로 배설된다. 그런데 유전적으로 구리의 대사와 배설이 정상적으로 일어나지 않으면 간, 뇌, 신장, 각막 등에 구리가 축적되어 (㉡)이/가 발병할 수 있다.

정답

㉠ 담즙   ㉡ 윌슨병

해설

① 구리의 흡수는 메탈로티오네인에 의해 조절되며, 담즙을 통해 대변으로 배설됨
② 윌슨병(Wilson's disease)은 구리 과잉증으로 세룰로플라스민을 형성하기 위하여 구리가 아포단백질과 결합하는 과정에서 퇴행성 결함이 오는 질환이다. 구리가 체외로 배설되지 못하고 체내에 축적되는 선천성 질환으로 간, 뇌, 신장, 각막 등에 구리 농도가 높아져서 신경손상, 간경변증, 간부전, 신부전 등을 유발함

3. 다음 그림은 체내에서 비타민이 관여하는 반응을 나타낸 것이다. ㉠은 세포막에 ㉡은 세포질에 주로 존재하며, ㉡은 ㉠을 재생시킴으로써 ㉠을 절약해 준다. 이 반응의 명칭과, ㉠에 해당하는 비타민의 명칭을 순서대로 쓰시오. [2점]

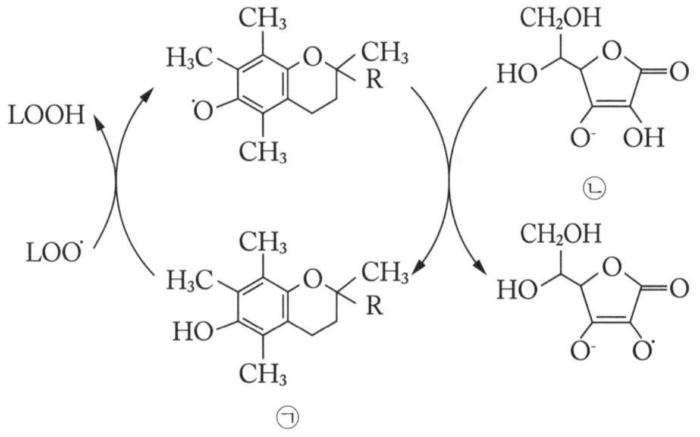

✏️ **정답**

산화환원반응   ㉠ 비타민 E   ㉡ 비타민 C

✏️ **해설**

① 비타민 E는 지용성이므로 세포막의 인지질에 존재하는 다불포화지방산을 산화작용으로부터 보호함
② 비타민 C는 비타민 E나 글루타티온과 같은 다른 항산화제를 환원형으로 재생시키는 역할을 함

4. 다음 괄호 안의 ㉠, ㉡에 해당하는 명칭을 순서대로 쓰시오. [2점]

> 대부분의 아미노산이 간에서 대사되는 것과 달리 (㉠) 아미노산은 근육에서 대사된다. 이 아미노산의 이화작용이 활발히 진행되면 아미노기 전이효소에 의해 근육으로부터 다량의 (㉡)이/가 생성되어 간으로 이동한다. (㉡)은/는 다음 그림과 같이 아미노기 전이반응(transamination)에 의해서 생성된다.
>
>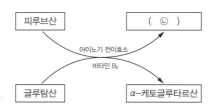

✏️ **정답**

㉠ 곁가지 아미노산   ㉡ 알라닌

✏️ **해설**

① 아미노기 전이반응(transamination)은 한 아미노산에서 떼어낸 아미노기($-NH_2$)를 다른 α-keto 산에 이동시켜 새로운 아미노산을 생성하고 자신은 α-keto 산을 형성하는 과정임
 (예) 피루브산 또는 α-케토글루타르산을 알라닌이나 글루탐산으로 전환
② 아미노기 전이반응은 비타민 B_6의 조효소 형태인 피리독살 인산(pyridoxal phosphate, PLP)이 아미노기를 옮겨주는 역할을 함

2. 중쇄중성지방(MCT: medium chain triglycerides)의 소화, 흡수, 이동에 관하여 서술하시오. 그리고 지방을 중쇄중성지방으로 섭취하여야 하는 질병의 예를 2가지만 쓰시오. [5점]

정답

① 중쇄중성지방(MCT)은 물과 잘 섞이므로 담즙을 필요로 하지 않고 지방산으로 분해되어 모세혈관을 통해 문맥으로 흡수되어 간으로 운반되어 체내 저장되지 않고 거의 에너지원으로 변한다.

② 췌장질환이 있거나 담즙염을 형성하지 못하는 경우 및 지단백질 형성에 문제가 있는 경우에는 중쇄중성지방을 이용하여 지방의 흡수장애를 극복할 수 있다.

해설

① 중성지질(긴사슬지방산)은 대부분 소장에서 담즙에 의해 유화되어 췌장 리파아제(pancreatic lipase)에 의해 분해됨

② 콜레시스토키닌(cholecystokinin, CCK)은 담낭을 수축시켜서 담즙을 분비시키고, 췌장으로부터 지질분해효소를 분비시킴

③ 췌액의 리파아제는 중성지질을 모노글리세리드와 지방산으로 분해함

10. 다음은 등굣길에서 만난 여고생과 영양교사의 대화이다. 괄호 안의 ㉠, ㉡에 들어갈 영양
교사의 설명을 〈작성 방법〉에 따라 서술하시오. [4점]

> 학   생 : 선생님! 어제 체육대회에서 농구와 릴레이 선수로 뛰었더니 팔과 다리에 통증
> 이 있어요. 왜 그런가요?
> 영 양 교 사 : 그래? 근육에 젖산이 축적되어 그렇단다.
> 학   생 : 왜 운동할 때 근육에서 젖산이 만들어지나요?
> 영 양 교 사 : (㉠   ).
> 학   생 : 그렇게 만들어진 젖산도 체내에서 사용이 되나요?
> 영 양 교 사 : 응. 젖산은 다른 물질로 전환되어 이용되는데 그 과정은 이렇단다.
> (㉡   ).

〈작성 방법〉

○ ㉠에는 근육에서의 젖산 생성 기전을 포함할 것
○ ㉡에는 젖산의 이동 경로 설명과 전환된 물질의 명칭을 포함할 것

정답

㉠ 포도당은 10단계의 반응 경로를 통해 피루브산으로 되고, 이때 생성된 피루브산은 산소가 부족한
혐기적 조건에서는 TCA 회로를 통한 대사가 원활하지 않아 젖산으로 환원된다.
㉡ 생성된 젖산은 혈액으로 방출되어 간으로 운반되고, 간에서 포도당으로 전환되어 조직으로 운반
되어 이용되는 것을 코리회로라고 한다.

해설

① 격렬한 운동 중에는 근육세포의 NADH 생성이 과도하여 미토콘드리아에서의 산화속도를 초과함
② 이 경우 NADH/NAD+비율이 증가되고, 그에 따라 피루브산에서 전환되는 젖산이 증가함
③ 따라서 갑자기 강한 운동을 하는 경우, 세포내 pH가 낮아짐에 따라 근육통이 초래될 수 있음

2. 다음의 (가)는 비단백 호흡계수와 산소 1 L에 대한 에너지 소비량을 나타낸 표이고, (나)는 고등학생인 A군의 산소 소비량과 이산화탄소 배출량 측정 결과이다. 탄수화물만 연소되는 상태에서는 호흡계수가 1임을 포도당의 분자식을 이용하여 기술하고, (가)와 (나)를 이용해서 A군의 1일 기초대사량(kcal)을 구하시오(단, 풀이 과정을 상세히 쓸 것). [4점]

(가)

비단계 호흡계수	산소 1L에 대한에너지 소비량(kcal)	비단계 호흡계수	산소 1L에 대한에너지 소비량(kcal)
0.70	4.686	0.86	4.875
0.72	4.702	0.88	4.889
0.74	4.727	0.90	4.924
0.76	4.751	0.92	4.948
0.78	4.776	0.94	4.973
0.80	4.801	0.96	4.998
0.82	4.825	0.98	5.022
0.84	4.850	1.00	5.047

(나)

기초대사량을 측정하는 조건에서 호흡계를 사용하여 A군의 산소 소비량과 이산화탄소 배출량을 측정하였더니, 6분 동안의 산소 소비량은 1.60 L, 이산화탄소 배출량은 1.31 L 이었다.

🖉 정답

① 탄수화물만 연소되는 상태에서 호흡계수가 1임을 포도당의 분자식을 이용하여 기술하면, 탄수화물인 포도당은 $C_6H_{12}O_6$(포도당) + $6O_2$ → $6CO_2$ + $6H_2O$, 호흡상 = 6 / 6 = 1이다.

② A군의 호흡계수(산소 소비량 1.60 L, 이산화탄소 배출량 1.31 L) : 1.31 / 1.60 = 0.81875 ≒ 0.82

③ 호흡상 0.82일 때 산소 1 L당 에너지 소비량 : 4.825 kcal

④ 6분 동안의 산소 소비량을 시간당으로 환산하면 1.60 × 10 = 16.0 L

⑤ 기초대사량(A군의 기초대사량)은 4.825 kcal/L × 16.0 L × 24시간 = 1852.8 kcal/일

🖋 해설

① 호흡상(respiratory quotient; RQ) : 소비한 산소에 대한 배출된 이산화탄소의 비율

$$RQ = 배출된 CO_2 / 소모한 O_2$$

② 비단백호흡상(NPRQ) : 단백질을 제외하고 탄수화물과 지방만을 산화할 때의 호흡상
③ 기초대사량 : 호흡계수나 비단백호흡계수에 따른 에너지 소모량(kcal/L) × 소모된 산소양(생성된 탄산가스 양 × 24시간)

2017년도 기출문제 A형

2. 다음은 메티오닌 재생에 관한 대사 과정의 일부이다. ㉠, ㉡에 해당하는 물질의 명칭을 순서대로 쓰시오. [2점]

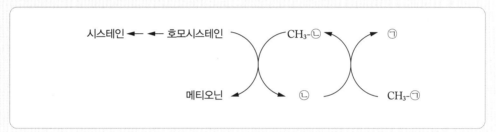

🖋 정답

㉠ 엽산　㉡ 비타민 B_{12}

🖋 해설

① 5-메틸-THF(5-methyl-tetrahydrofolate, 엽산의 불활성형)의 메틸기(-CH₃)를 비타민 B_{12}로 운반되고 비타민 B_{12}가 이 메틸기를 호모시스테인에게 전달함으로써 메티오닌이 생성
② 호모시스테인은 엽산과 비타민 B_{12}가 관여하는 짝 지음 반응에서 메티오닌으로 전환되는 물질로, 호모시스테인 농도의 상승은 심장병의 위험 증가와 관련 있음

3. 다음은 영양교사와 고등학교 남학생의 대화 내용이다. 밑줄 친 (가), (나)에 대한 내용을
〈작성 방법〉에 따라 서술하시오. [4점]

> 학   생 : 선생님! 저는 자전거를 오래 타면 너무 힘이 들어요. 체육선생님께 상의 드렸
> 더니 '카르니틴'이라는 식이 보충제를 추천해 주셨어요.
> 영양   교사 : 그래? (가) 운동 초기에는 (㉠)을/를 주요 에너지원으로 사용하지만, 운동
> 시간이 지속되면 (㉡)을/를 사용하는 비율이 높아지거든. 이때 (나) 카르니
> 틴이 있으면 도움이 될 수도 있어서 지구성 운동을 하는 운동선수들이 보충제
> 로 사용하기도 해. 그렇지만 카르니틴은 체내에서도 합성될 수 도 있고, 육류
> 나 우유 등에 들어 있으니 음식으로 먹는 것이 더 바람직할 거야.

〈작성 방법〉

○ (가) : 혼합식이를 섭취한 사람의 운동 시간 경과에 따른 호흡상(호흡계수) 변화와 그 이유
를 ㉠, ㉡에 해당하는 영양소 명칭을 포함하여 서술할 것
○ (나) : 카르니틴이 관여하는 지질대사 기전을 관련된 세포소기관의 명칭을 포함하여 서
술할 것

정답

(가) 운동 시작 시 RQ(respiratory quotient, 호흡상)가 증가하므로 ㉠ 탄수화물을 에너지원으로 사
용하지만 운동 시간이 지나면서 RQ는 점차 감소하므로 ㉡ 지방을 에너지원으로 사용한다.
(나) 카르니틴은 세포질에서 활성화된 지방산을 미토콘드리아로 운반하여 ß-산화과정(ß-oxidation)
이 진행되도록 하는 물질이다. 운동을 지속적으로 하는 동안 신체는 에너지를 지방산을 사용하
는데, 카르니틴은 운동 시 지방산 산화의 증가를 위하여 필요하므로 균형잡힌 식사가 중요하다.

해설

① 호흡계수가 0.8보다 낮을 경우에는 식사섭취량이 낮다는 것을 나타내며, 0.7 이하일 경우에는 기
아 상태이거나 저탄수화물 식사 또는 알코올 과다 섭취를 하고 있음을 나타냄. 호흡계수가 1.0일
경우에는 지방생합성이 일어나고 있다는 것을 의미함
② 지방산의 산화(β-oxidation)는 세포질에서 지방산이 아실-CoA(acyl-CoA)로 활성화되고, 활성
화된 지방산은 카르니틴과 결합하여 미토콘드리아 내로 이동되어 카르니틴을 떼어내고 다시 지
방산 아실-CoA로 전환된 후 β-산화가 이루어진다. β-산화는 지방산 분해 시 β 위치에 있는 탄소
에서 탈수소반응, 수화반응, 티올분해반응에 의해 처음의 아실-CoA보다 탄소수가 2개 적은 지방
산 아실-CoA와 아세틸 CoA가 생성되며 이 과정의 반복에 의해 여러 개의 아세틸 CoA가 생성됨

3. 다음은 에너지를 생성하는 영양소 대사의 일부이다. 괄호 안의 ㉠, ㉡에 해당하는 조효소의 구성 성분이 되는 비타민의 명칭을 순서대로 쓰시오. [2점]

> 숙신산(succinic acid) ┄┄┄ (㉠) ┄┄➤ 푸마르산(fumaric acid)
>
> L-β-하이드록시아실CoA ┄┄┄ (㉡) ┄┄➤ β-케토아실CoA
> (L-β-hydroxyacylCoA)   (β-ketoacylCoA)

✎ **정답**

㉠ 비타민 B_2(riboflavin)   ㉡ 니아신

✎ **해설**

① 리보플라빈은 FAD와 FMN은 TCA 회로, 전자전달계에서 산화·환원 반응의 조효소로 작용
- 에너지를 발생하는 TCA 회로와 지방산의 β-산화과정에서 FAD는 전자(수소)수용체로 작용하여 $FADH_2$로 환원
② 니아신 탈수소효소인 조효소인 NAD, NADP는 체내에서 산화·환원 반응에 관여함
- NAD는 해당과정이나 TCA 회로, 지방산 대사, 알코올 대사과정에서 NADH로 환원되고 환원된 NADH는 전자전달계를 통해 ATP를 생성

4. 다음은 영양교사와 학생의 대화이다. 괄호 안의 ㉠에 공통으로 해당하는 무기질의 명칭과 ㉡에 해당하는 내용을 순서대로 쓰시오. [2점]

> 영 양 교 사 : 지원이는 굴과 새우를 많이 남겼네요.
>
> 지　　　　원 : 네, 선생님. 하지만 밥과 채소 반찬은 모두 먹었으니 괜찮죠? 저는 해산물을 좋아하지 않아서요.
>
> 영 양 교 사 : 굴이나 새우 같은 해산물은 (㉠)을/를 풍부하게 함유하고 있어서 적당한 양을 섭취하는 것이 좋아요. 이 영양소는 곡류와 채소에도 들어 있지만 해산물에 비해 체내 이용률이 낮거든요.
>
> 지　　　　원 : 아, 그렇군요. 그 영양소가 우리 몸에 중요한가요?
>
> 영 양 교 사 : (㉠)은/는 체내 여러 효소와 생체막의 구성성분이 되고 면역 기능에 관여하기 때문에 우리 몸에 꼭 필요해요.
>
> 지　　　　원 : 아, 그래요. 만약에 이 영양소를 필요한 양만큼 섭취하지 않으면 어떻게 되나요?
>
> 영 양 교 사 : 부족하게 섭취하면 성장 지연, 설사, 면역 기능 저하가 나타나고, 과잉으로 섭취하면 철이나 구리 등 다른 무기질의 (㉡)이/가 일어나요.

✏️ **정답**

㉠ 아연　㉡ 흡수 저하

✏️ **해설**

① 메탈로티오네인은 아연과 결합하여 흡수를 조절하는 황 함유 단백질임

② 아연의 흡수는 성장기, 임신, 수유기 같은 체내 요구도가 높을 때 흡수율이 증가하고, 동물성 단백질(육류, 조개류, 간), 시스테인, 히스티딘, 구연산에 의해 흡수가 증진됨

③ 피틴산, 식이섬유, 2가의 무기질(칼슘, 구리, 철), 인산염, 카제인은 아연의 흡수를 방해하는 요인임

\<영양교사 과년도 기출문제풀이\> 정오표

ISBN : 978-89-315-8752-4 (2022. 5. 25. 1쇄 발행)

※ 학습에 불편을 드려 죄송합니다.

p. 67　B형 2번 문제 다음(영양기출문제 생애주기 영양학 2022년 기출문제 중 9번 문제 빠짐)

2022년도 기출문제 B형

9. 다음 그림의 ㉠~㉣은 임신 여성의 혈액에서 적혈구량, 헤마토크릿, 혈액량, 혈장량의 변화 양상을 순서에 관계없이 나타낸 것이다. 〈작성 방법〉에 따라 서술하시오. [4점] -생애주기 영양학-

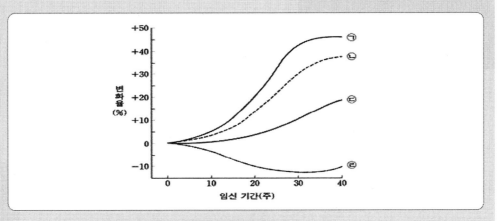

〈작성 방법〉

○ ㉠이 증가하는 이유를 부신에서 분비되는 호르몬과 관련지어 서술할 것.

○ ㉣에 해당하는 명칭을 쓰고, ㉣이 감소하는 이유를 서술할 것.

✎ 정답

1. ㉠ 임신기에는 많은 양의 영양소와 산소를 태아에게 전달하고 동시에 태아의 대사산물을 효율적으로 배설하기 위하여 모체의 혈장량이 임신 전보다 45% 가량 증가한다. 이 혈장량의 증가는 부신피질 호르몬인 알도스테론이 작용하여 신장에서 나트륨과 물의 재흡수를 증가시킴으로써 체액을 증가시킨다.

2. ㉣ 헤마토크릿, 감소하는 이유는 적혈구의 증가율은 20%에 비해 혈장량의 증가율은 45%으로 적혈구 증가율이 혈장량의 증가율에 미치지 못하기 때문이다.

✎ 해설

1. 임신 기간 중 혈장량의 증가는 레닌과 부신피질 호르몬인 알도스테론의 작용과 관련이 있음
   ① 임신 기간에 혈액량이 20~30% 증가하고, 혈장량은 45% 증가함
   ② 심박출량이 임신 전보다 30~50% 가량 늘어나 태반과 신장으로 많은 양의 혈액이 순환하게 됨

2. 헤마토크리트(hematocrit)
   ① 전체 혈액에서 적혈구가 차지하는 비율임
   ② 임신 전 35%에서 임신 후 29~31%로 감소함

9. 다음 (가)는 김철수 씨의 증상과 혈액검사 결과이고 (나)는 정상인의 암모니아 대사과정 이다. 〈작성 방법〉에 따라 서술하시오. [4점]

(가)

· 환자명 : 김철수(52세, 남)

· 증상 : 복수, 발 부종, 소변양 감소, 정신착란증

· 특이 사항 : 만성 알코올 중독

· 혈액검사 결과

측정 항목	결과	정상 범위
ALT	60 U/L	남 : 10~40 U/L 여 : 7~35 U/L
AST	110 U/L	10~30 U/L
암모니아	95 μmol/L	15~45 μmol/L
BUN	25 mg/dL	6~20 mg/dL

(나)

암모니아는 (㉠)에서 (㉡)와/과 반응하여 카바모일인산을 형성한다. 카바모일인산 은 다시 오르니틴과 결합하여 시트룰린을 합성한다. 시트룰린은 아스파트산(aspartic acid) 과 결합하여 아르기니노숙신산을 거쳐 아르기닌과 최종 대사물을 생성하고, 최종 대사물 은 신장으로 가서 소변으로 배설된다.

〈작성 방법〉

○ (가)를 토대로 김철수 씨의 혈중 암모니아 농도가 상승한 이유를 관련 신체 기관의 기능 과 연관 지어 서술할 것

○ (나)의 ㉠에 들어갈 반응이 일어나는 세포 소기관과 ㉡에 들어갈 반응물을 제시할 것

○ (나)의 밑줄 친 아스파트산이 최종 대사물을 생성하는데 기여하는 역할을 서술할 것

✏️ **정답**

① (가) 간 기능이 손상되어 암모니아가 요소로 전환되지 못하면 암모니아가 혈중에 축적되어 중추 신경계에 장애를 일으킨다.

② ㉠ 간 ㉡ 이산화탄소(CO_2)

③ 아스파르트산의 아미노기와 시트룰린의 카르보닐 간의 축합반응에 의해 아르기니노숙신산 (argininosuccinate) 생성한다. 즉, 아스파르트산은 요소에 질소 원자를 제공하여 암모니아를 요소로 무독화시켜 배출하고 단백질을 순화시키는 역할을 한다.

▼

✏️ **해설**

① 미토콘드리아의 기질에서 암모니아($NH3$)와 이산화탄소($CO2$)의 축합반응에 의해 카르바모일 인산이 형성되면서 요소회로가 시작됨

② 카르바모일 인산은 카르바모일기를 오르니틴(ornithine)에 전달하여 시트룰린(citrulline)을 형성함

③ 아스파르트산의 아미노기와 시트룰린의 카르보닐 간의 축합반응에 의해 아르기니노숙신산 (argininosuccinate) 생성함

④ 아르기니노숙신산 분해효소(argininosuccinase)에 의해 아르기닌(arginine)과 푸마르산(fumarate)을 생성함. 푸마르산은 미토콘드리아의 구연산회로의 중간산물로 반응에 참여하고, 아르기닌은 요소의 전구체임

⑤ 아르기닌은 아르기닌 분해효소(arginase)에 의해 분해되어 요소와 오르니틴을 생성하고, 오르니틴은 미토콘드리아로 운반되어 또 다른 요소회로를 시작함

▼

11. 다음은 첨가당에 관한 내용이다. 〈작성 방법〉에 따라 서술하시오. [4점]

첨가당을 과잉 섭취하면 비만, 충치 등과 같은 건강 문제가 나타날 수 있다. 그래서 보건복지부(2015 한국인 영양소 섭취 기준) 및 세계보건기구는 1일 총에너지섭취량의 일정 비율 이내로 첨가당을 섭취할 것을 권고하고 있다.

〈작성 방법〉

○ 위 내용을 참고하여 1일 총에너지섭취량이 1,800 kcal일 때 첨가당은 1일 몇 g 이내로 섭취하여야 하는지 산출과정과 값을 쓸 것
○ 당류로 인한 충치 발생의 기전을 서술할 것
○ 충치에 대한 예방효과는 있으나 과잉 섭취 시 뼈나 치아에 침착되는 미량 무기질의 명칭을 쓸 것

✎ **정답**

① 1800 kcal × 0.1 / 4 = 45 g 이하
② 당류가 입안에서 박테리아(Streptococcus mutans)에 의해 발효되면서 산을 생성하여 pH를 낮추어 치아의 에나멜층을 녹여 하부구조를 파괴하고, 특히 캐러멜, 설탕, 꿀, 단 음식 등이 치아에 오랫동안 부착된 경우 산을 발생하므로 충치 발생에 더 기여한다.
③ 불소

✎ **해설**

① 총 당류 섭취량은 총 에너지 섭취량의 10~20%로 제한하고, 특히 식품의 조리 및 가공시 첨가되는 첨가당은 총 에너지 섭취량의 10% 이내로 섭취하도록 함
② 첨가당의 주요 급원 : 설탕, 액상과당, 물엿, 당밀, 꿀, 시럽, 농축과일주스 등
③ 불소는 산에 대한 저항이 큰 플루오르아파타이트(fluorapaite) 결정을 형성하여 충치를 예방함
④ 불소의 과잉증은 9세 이전(유아, 어린이) 치아불소증, 성인은 골격불소증이 나타남

2019년도 기출문제 A형

2. 다음은 영양교사와 학생이 나누는 대화이다. 괄호 안의 ㉠, ㉡에 해당하는 용어를 순서대로 쓰시오. [2점]

> 학   생 : 열량영양소는 신체에서 어떻게 이용되나요?
>
> 영 양 교 사 : 우리 몸은 음식으로부터 얻은 에너지를 (㉠) 의 형태로 전환시키고 이를 이용하여 생명을 유지하고 신체 활동을 해요.
>
> 학   생 : 주로 어떻게 소비되나요?
>
> 영 양 교 사 : 총 에너지 소비량의 약 60~70%가 주로 기초대사에 이용이 돼요.
>
> 학   생 : 기초대사에 남녀 차이가 있나요?
>
> 영 양 교 사 : 나이, 신장, 체중이 같아도 여자는 남자보다 일반적으로 기초대사량이 5~10% 낮아요. 이유는 신체조성에서 (㉡)의 양이 적기 때문이에요.

📝 정답

㉠ ATP   ㉡ 골격근(근육량, 제지방량)

📝 해설

① 기초대사량(basal metabolic rate, BMR)은 생명을 유지하기 위해 필요한 최소한의 에너지로 1일 총 에너지 필요량의 60~70%를 차지함

② 기초대사량의 70~80%는 제지방량에 의존함

③ 젊은 남자는 대체로 체중의 14%가 지방조직인 데 비해 여자는 23~32%임. 남성호르몬인 테스토스테론이 분비되므로 에너지 소모가 많아 기초대사량이 높음

4. 다음은 칼슘 흡수에 관한 영양교사와 민수의 대화 내용이다. 괄호 안의 ㉠, ㉡에 해당하는 영양소의 명칭을 순서대로 쓰시오. [2점]

> 영 양 교 사 : 민수 학생은 또 콜라를 마시네요.
> 민   수 : 네. 매일 한 캔은 마셔요.
> 영 양 교 사 : 골격이 성장하는 시기에 탄산음료나 가공식품을 자주 섭취하는 것은 좋지 않은 식습관이에요. 그런 식품에는 (㉠)이/가 많이 함유되어 있어서 칼슘 흡수를 방해하기 때문이에요.
> 민   수 : 그럼 어떤 영양소가 칼슘 흡수에 도움이 될까요?
> 영 양 교 사 : (㉡)은/는 칼슘의 흡수를 증가시키고 배설을 감소시켜 뼈에 칼슘을 축적시켜요. 뿐만 아니라 이 영양소는 인슐린의 분비와 관련이 있어 혈당조절에도 관여하는 것으로 알려져 있어요.

🖋 정답

㉠ 인 ㉡ 비타민 D

🖋 해설

① 칼슘의 흡수를 증진하는 인자는 비타민 D, 비타민 C, 유당, 아미노산(리신, 아르기닌), 칼슘과 인의 비율이 1:1일 때 흡수율이 최대에 달함
② 과량의 지방, 인과 식이섬유 섭취는 칼슘의 흡수를 방해함
③ 나트륨, 단백질, 카페인은 칼슘의 소변 배설을 증진시키며, 특히 동물성 단백질을 많이 섭취할 때 칼슘의 손실이 많아짐

9. 다음은 공복 시 포도당 생성에 관한 내용이다. 〈작성 방법〉에 따라 순서대로 서술하시오. [4점]

> 장시간(10~18시간) 음식을 통한 에너지의 공급이 이루어지지 못하게 되면, ㉠ 근육에 저장된 (㉡)은/는 포도당을 직접 제공하지 못하지만, 대사되어 젖산이나 알라닌 형태로 간으로 보내져 포도당 생성에 기여한다. 또한 ㉢ 중성지질 분해산물인 (㉣)도 간으로 보내져 포도당 생성에 기여한다.

〈작성 방법〉

○ ㉡, ㉣에 해당하는 명칭을 순서대로 쓸 것
○ 밑줄 친 ㉠의 이유를 효소와 연관 지어 서술할 것
○ 밑줄 친 ㉢의 포도당 생성에 기여하는 과정을 서술할 것

🖉 정답

① ㉡ 글리코겐　㉣ 글리세롤
② 근육에는 glucose-6-phosphatase가 없어 포도당을 생성할 수 없어 혈당을 조절하지 못하고, 글루코오스 6-인산을 근육세포의 에너지원으로 사용한다.
③ 글리세롤은 글리세롤 3-인산을 거쳐 다이하이드록시아세톤 인산(dihydroxyacetone phosphate, DHAP)을 생성 하여 당신생경로의 기질이 되며, 해당 과정의 역반응인 과당 1,6-이인산, 과당 6-인산, 포도당 6-인산을 거쳐 포도당을 생성한다.

🖉 해설

① 포도당신생(gluconeogenesis)은 아미노산, 글리세롤, 피루브산, 젖산 등 당질 이외의 물질로부터 포도당을 합성하는 것을 의미함
② 아미노산은 아미노기전이반응을 통해 분해되어서 피루브산이나 구연산회로의 중간대사물인 α-케토글루타르산, 숙시닐 CoA, 푸마르산은 oxaloacetate를 생성하여 포스포에놀피루브산이 되어 포도당이 됨
③ 피루브산은 피루브산 카르복실나아제의 작용으로 oxaloacetate가 되고, oxaloacetate는 포스포엔올피루브산 카르복시키나아제의 작용으로 phosphoenolpyruvate가 되어 해당과정의 역반응을 거쳐 포도당이 생성됨
④ 젖산은 젖산 탈수소효소(NAD)에 의해 피루브산이 되어 포도당을 생성함

11. 다음은 알코올 대사에 관한 내용이다. 〈작성 방법〉에 따라 순서대로 서술하시오. [4점]

> 과도한 음주 시 알코올은 탈수소화과정을 통해 아세트알데히드를 거쳐 아세틸 CoA로 산화되면서 환원물질인 (㉠)을/를 대량 생성한다. 이로 인해 알코올 대사가 진행될수록 아세틸 CoA는 TCA 회로를 통한 사용이 억제되고, 대신에 ㉡ 세포질로 운반된 후 지방산 합성의 기질로 제공되어 간에 지방으로 축적된다. 또한 (㉠)(으)로 인해 피루브산으로부터 (㉢)이/가 많이 생성되어 체액의 pH가 낮아질 수 있다.

─────〈작성 방법〉─────

○ ㉠에 해당하는 물질의 명칭을 제시할 것
○ 밑줄 친 ㉡에서 아세틸 CoA가 미토콘드리아에서 세포질로 운반되는 과정을 서술할 것
○ ㉢에 해당하는 물질의 명칭을 제시할 것

🖊 정답

① ㉠ NADH
② 아세틸 CoA는 oxaloacetate에 아세틸기를 주고 시트르산이 된 후 세포질로 이동하여 다시 아세틸-CoA로 전환되고, 일부는 아세틸 CoA가 카르니틴과 결합한 형태로 세포질로 나온 후 지방산 합성에 이용된다.
③ ㉢ 젖산

🖊 해설

① 알코올은 세포질에서 NAD를 조효소로 하는 알코올 탈수소효소(alcohol dehydrogenase, ADH)에 의해 아세트알데히드(acetaldehyde)와 $NADH^+$ H^+를 생산함
② 미토콘드리아에서 NAD를 조효소로 하는 알데히드 탈수소효소(aldehyde dehydrogenase, ALDH)에 의해 아세트알데히드를 아세트산(acetate)과 $NADH^+$ H^+를 생산함
③ 아세트산은 코엔자임 A(CoA)와 결합하여 아세틸 CoA를 형성하여 TCA 회로로 들어가 대사됨

5. 다음은 영양교사와 학생과의 대화이다. 〈작성 방법〉에 따라 순서대로 서술하시오. [4점]

학   생 : 선생님! 비타민 C가 결핍되면 우리 몸의 콜라겐 합성에 문제가 생기나요?

영 양 교 사 : 맞아요. 콜라겐 안에는 ㉠ 결합조직에만 발견되는 2가지 아미노산 유도체가 있어요. 이들은 콜라겐 구조를 안정화시키는데 핵심적인 역할을 하며, 비타민 C가 부족하면 합성장애가 발생해요.

학   생 : 참! 지난번 빈혈로 병원에 갔더니 의사 선생님이 철분제를 먹으라고 했는데, 철분제와 비타민 C를 함께 먹어도 좋은가요?

영 양 교 사 : 그럼요. ㉡ 철분제와 비타민 C를 함께 먹으면 도움이 돼요.

〈작성 방법〉

○ 밑줄 친 ㉠에 해당하는 2가지를 제시할 것
○ 밑줄 친 ㉡의 이유를 비타민 C의 기능과 연관지어 서술할 것

정답

① ㉠ 히드록시프롤린, 히드록시리신

② ㉡의 이유는 비타민 C는 3가의 철 이온(ferric iron)을 흡수되기 좋은 형태인 2가의 철이온(ferrous iron)으로 환원시키는 환원제 역할을 하여 철의 흡수율을 높이는 효과가 있다. 따라서 비헴철의 함량이 높은 식품이나 철분영양제는 비타민 C 등과 함께 섭취하는 것이 생체이용률을 높이는 방법이다.

해설

① 아미노산인 프롤린과 리신이 수산화되어서 히드록시프롤린(콜라겐 세 개의 나선구조 안정화), 히드록시 리신(콜라겐 섬유를 안정화시키는 상호 결합을 형성)을 형성하는데, 이 과정에서 비타민 C가 결핍되면 수산화반응이 일어나지 못해 콜라겐이 정상적으로 형성되지 못함

② 비타민 C는 3가의 철 이온을 흡수되기 좋은 형태인 2가의 철이온으로 전환시켜 철의 흡수율을 높이고 비헴철을 환원시켜서 소장의 약알킬리성 환경에서 쉽게 용해될 수 있도록 철분의 흡수를 도와줌

2. 다음은 과당의 대사과정에 관한 내용이다. 괄호 안의 ㉠, ㉡에 해당하는 효소의 명칭을 순서대로 쓰시오. [2점]

> 과당은 포도당 섭취 부족 시 당신생경로를 통해 포도당으로 전환되어 이용되지만, 적절한 포도당과 함께 간으로 들어왔을 때에는 해당 과정을 통하여 대사된다. (㉠)은/는 ATP를 사용하여 과당을 과당 1-인산으로 전환시킨다. 이후, 과당 1-인산은 해당 과정의 중간 대사 물질인 디히드록시아세톤인산과 글리세르알데히드 3-인산으로 전환되어 해당 과정으로 합류한다. 과당은 해당 과정에서 속도 조절 단계의 효소인 헥소키나아제와 (㉡)에 의해 촉매되는 반응을 거치지 않고 대사되기 때문에 포도당보다 아세틸-CoA로 더 빨리 전환된다.

정답

㉠ fructokinase   ㉡ PFK-1(phosphofructokinase)

해설

① 과당은 인슐린 분비를 촉진하지 않으므로 인슐린-비의존성 수송단백질에 의하여 대부분 간으로 유입된 후 해당과정을 통하여 대사됨
② 간은 프락토스의 6번 탄소를 인산화할 수 있는 헥소카이네이즈의 활성도는 낮고 1번 탄소를 인산화할수 있는 프락토카이네이즈의 활성도가 높으므로, 프락토스는 간에서 주로 프락토스 1-인산으로 전환됨
③ 과당이 유일한 당질의 급원이거나 포도당이 부족할 때에는 해당과정을 거꾸로 진행시켜 포도당을 합성함

6. 다음은 식사 단백질의 질 향상과 단백질 섭취 불균형에 따른 증상에 관한 내용이다. 〈작성 방법〉에 따라 서술하시오. [4점]

> 우리 몸에 필요한 단백질을 식사로부터 적절히 공급받기 위해서는 식품 단백질의 질과 양을 고려해야 한다. 예를 들어, 흰쌀밥보다는 검정콩을 섞은 밥을 섭취하면 ㉠ 쌀 단백질의 질을 높일 수 있다. 단백질은 체내에서 체액 균형 유지에 중요한 작용을 하기 때문에 섭취량이 불충분할 경우 ㉡ 혈장알부민의 농도가 감소하여 부종이 발생한다. 그러나 단백질을 과잉 섭취하면 (㉢)의 생성량이 증가하여 신장에 부담을 주고, ㉣ 탈수 현상이 나타날 수도 있다.

〈작성 방법〉

○ 밑줄 친 ㉠에서 보완되는 아미노산의 명칭을 제시할 것
○ 밑줄 친 ㉡의 이유를 제시할 것
○ 괄호 안의 ㉢에 들어갈 물질의 명칭을 쓰고, 이 물질과 관련하여 밑줄 친 ㉣의 이유를 제시할 것

📝 정답

① ㉠ 라이신과 트레오닌
② ㉡의 이유는 혈관 내 단백질 함량이 낮아지고 삼투압이 저하됨에 따라 세포간질액(조직)으로 많은 양의 수분이 이동하여 부종이 발생한다.
③ ㉢ 요소, ㉣의 이유는 단백질의 과잉섭취는 요소를 희석하고 배설하는 과정에서 체내 수분을 사용하게 되어 탈수를 유발할 수 있다.

📝 해설

① 단백질의 구성 아미노산의 종류와 양이 서로 다르므로 부족한 아미노산과 다른 단백질을 같이 섭취함으로써 필수아미노산의 상호보완이 일어나는 것을 상호보조효과라고 함
  〈예〉 곡류에 라이신과 트레오닌이 부족한 아미노산이지만 메티오닌은 풍부하다. 반면에 콩류에는 메티오닌이 부족함으로 콩밥으로 섭취함
② 혈장의 주요 단백질인 알부민과 글로불린은 혈액과 세포간질액 사이의 수분 평형 유지에 중요한 역할을 함
③ 단백질 과잉증은 탈수, 요소 배설을 많이 하여 신장에 부담을 주고, 골다공증과 결장암이 나타날 수 있음

3. 다음은 영양교사와 학생의 대화내용이다. 〈작성 방법〉에 따라 서술하시오. [4점]

학   생 : 선생님, 역대 노벨상 수상 내역을 검색하다가 비타민 B_{12} 연구로 노벨상이 수
              여되었다는 것을 알게 되었어요. 그래서 비타민 B_{12}의 구조가 궁금해졌어요.
영 양 교 사 : 비타민 B_{12}는 코린 고리의 중앙에 (㉠)을/를 가지고 있는 복잡한 구조로 되어 있어요.
학   생 : 그러면 우리가 식품으로 섭취한 비타민 B_{12}는 소화관에서 어떤 과정을 거치나요?
영 양 교 사 : 식품 중의 비타민 B_{12}는 단백질과 결합된 형태로 존재하는데, 섭취 후 ㉡ 위에
              서 단백질로부터 분리되어요. 이후, 비타민 B_{12}는 침샘에서 분비되는 물질과
              결합하여 ㉢ 십이지장에 들어온 후 회장에 도달하여 흡수되지요.

〈작성 방법〉

○ 괄호 안의 ㉠에 들어갈 무기질의 명칭을 제세할 것
○ 밑줄 친 ㉡의 분리기전을 설명할 것
○ 밑줄 친 ㉢의 기전을 비타민 B_{12}의 분리, 결합과정을 포함하여 설명할 것

✎ **정답**

① ㉠ 코발트(Co)
② 위에 들어가면 위산과 펩신에 의해 분리된다.
③ 비타민 B_{12}-R단백질의 복합체가 소장으로 들어오면 소장에서 췌액의 트립신에 의해 R-단백질이
   제거된다. R-단백질이 제거된 비타민 B_{12}는 내적인자와 결합하여 비타민 B_{12} 내적인자 결합체의
   형태로 소장 하부인 회장에서 흡수된다. 흡수된 비타민 B_{12} 내적인자는 혈류에서 트랜스코발라민 II
   와 결합하여 혈액을 따라 순환하면서 간, 골수 등의 조직으로 운반된다.

✎ **해설**

① 비타민 B_{12}는 박테리아 같은 미생물에서만 합성되며, 동물성 식품에만 함유되어 있고, 코린고리의
   중앙에 코발트를 함유하고 있는 구조로서 코발라민이라고 함
② R-단백질은 비타민 B_{12}를 박테리아로부터 보호하는 역할을 함
③ 내적인자는 위의 벽세포에서 분비되어 비타민 B_{12}와 소장에서 결합하는 단백질로 비타민 B_{12} 흡
   수에 반드시 필요함
④ 트랜스코발라민 II 는 비타민 B_{12}를 소장에서 혈액으로, 그리고 혈액에서 세포 안으로 수송하는 역
   할을 하는 단백질임

4. 다음은 콜레스테롤 생합성과 운반에 관한 내용이다. 〈작성 방법〉에 따라 서술하시오. [4점]

> 간에서의 콜레스테롤 생합성은 음식으로 섭취한 콜레스테롤 양에 따라 조절된다. ㉠ 콜레스테롤 섭취량이 증가하면 체내 콜레스테롤 생합성이 감소된다. 체내 콜레스테롤은 지단백질 형태로 수송이 이루어지며 지단백질 중 ㉡ 저밀도 지단백질(LDL)에 의해 조직으로 운반된다. 이와 달리, ㉢ 고밀도 지단백질(HDL)은 조직에서 간으로 콜레스테롤을 역수송한다.

〈작성 방법〉

○ 밑줄 친 ㉠의 대사과정에서 콜레스테롤 생합성 속도 조절 효소의 명칭을 제시하고, 반응 생성물의 변화를 설명할 것
○ 밑줄 친 ㉡에서 LDL이 세포 안으로 들어가는 과정을 관련된 아포지단백질의 명칭을 포함하여 설명할 것
○ 밑줄 친 ㉢ 과정에서 방출된 콜레스테롤을 에스테르화시키는 효소의 명칭을 제시할 것

정답

① ㉠ HMG CoA 환원효소, 3개의 아세틸 CoA로 부터 생성된 HMG CoA를 HMG CoA 환원효소에 의해 두 분자의 NADPH가 이용되면서 메발론산으로 환원된다.
② LDL은 간이나 간외 조직에 Apo B100에 대한 수용체가 있는 경우 세포 내로 함입된다.
③ 레시틴콜레스테롤 아실 전이효소(LCAT)

해설

① 콜레스테롤 합성은 대부분의 조직에서 콜레스테롤 합성 가능하며, 간은 가장 대표적인 합성기관임
② 콜레스테롤 합성 경로는 아세틸 CoA → 아세토아세틸 CoA → HMG CoA 합성 → 메발론산 (mevalonic acid) → 스쿠알렌(squalene) → 라노스테롤(lanosterol) → 콜레스테롤
③ 인슐린, 갑상선 호르몬은 콜레스테롤 합성을 증진시키고 글루카곤이나 글루코코르티코이드는 합성을 저지시킴

10. 다음은 셀레늄에 관한 내용이다. 〈작성 방법〉에 따라 서술하시오. [4점]

> 셀레늄은 체내의 간, 신장, 심장 등에 분포하는 미량 원소이다. 셀레늄은 체내에서 섭취량의 80% 정도가 흡수되며 식품 중의 대부분은 (㉠) 또는 시스테인 유도체와 결합하고 있다. 셀레늄은 인체의 세포 내에서 (㉡)의 구성 성분으로 항산화작용에 관여하며 견과류, 종실류와 어패류 등에 풍부하게 함유되어 있다.

───〈작성 방법〉───

o 괄호 안의 ㉠에 들어갈 아미노산의 종류를 쓸 것

o 괄호 안의 ㉡에 들어갈 효소명을 쓰고, 이 효소가 관여하는 체내 항산화 반응을 2가지 서술할 것

📝 정답

① ㉠ 메티오닌

② ㉡ 글루타티온 과산화효소(glutathione peroxidase)이며, 체내 항산화 반응은 첫째, 환원형의 글루타티온(GSH)을 산화형의 글루타티온(GSSG)으로 만들면서 과산화수소를 물로 생성하고, 둘째, 유기과산화물(과산화지질)은 알코올로 환원시킨다.

📝 해설

① 셀레늄은 셀레노메티오닌과 셀레노시스테인 형태로 존재함. 셀레노메티오닌은 셀레늄의 저장고이고, 셀레노시스테인은 생물학적 활성 형태임

② 셀레늄은 체내에 약 1.5 mg 존재하며, 주로 간, 심장, 골격 및 적혈구 등에 저장되고, 지방조직을 제외한 모든 신체조직에 존재함

12. 다음은 지방산 합성에 관한 내용이다. 〈작성 방법〉에 따라 서술하시오. [4점]

> 아세틸 CoA는 ⊙ 포도당 산화, 지방산 산화 및 아미노산 대사 등을 통하여 미토콘드리아에서 생성된 후 지방산 합성을 위해 세포질로 이동된다. 지방산의 합성과정에서 ⓒ 아세틸 CoA는 말로닐 CoA로 전환되며, 전환된 말로닐 CoA는 아세틸 CoA와 ⓒ NADPH로 부터 탄소수 16개의 팔미트산까지 지방산을 합성한다.

〈작성 방법〉

○ 밑줄 친 ⊙에서 피루브산으로부터 아세틸 CoA가 생성되는 반응을 서술할 것
○ 밑줄 친 ⓒ에 관여하는 효소의 명칭을 제시할 것
○ 밑줄 친 ⓒ의 생성경로 1가지를 제시할 것

정답

① ⊙ 피루브산 탈수소효소 복합체의 작용은 피루브산의 탄소 하나를 CO_2로 방출되는 탈탄산산화반응으로 2개의 탄소를 가진 아세틸 CoA를 생성한다.
② ⓒ 아세틸 CoA 카르복실화 효소
③ ⓒ NADPH는 오탄당인산경로에서 공급되거나 말산이 피루브산으로 전환되는 과정에서 생성된다.

해설

① 포도당 및 당류가 세포질에서 해당과정을 거치면서 생성된 피루브산은 구연산회로에 들어가기 위해 미토콘드리아로 들어와 아세틸 CoA와 CO_2로 전환됨
② 지방산 합성 과정의 첫 단계는 비오틴을 조효소로 하는 아세틸 CoA 카르복실화효소에 의해 탄소 2개의 아세틸 CoA에 탄소 1개가 첨가되어 탄소 3개의 말로닐-CoA(maloyl-CoA)로 전환됨

2. 다음은 케톤체 생성 과정이다. 괄호 안의 ㉠, ㉡에 들어갈 대사물질의 명칭을 순서대로 쓰시오. [2점]

> 단식이나 기아 상태 또는 저탄수화물 식사를 할 경우, 포도당이 부족하면 체지방이 분해되어 에너지원으로 사용된다. 이때, 지방산 산화를 통해 다량의 아세틸 CoA가 생성되지만 포도당으로부터 생성되는 (㉠)이/가 부족한 경우 TCA(구연산) 회로에 들어갈 수 없어서 간에서 지방산 산화가 불완전하게 일어난다. 이로 인해, 아세틸 CoA는 아세토아세트산, (㉡), 아세톤 등의 케톤체로 전환된 후 혈액으로 이동하여 케톤증을 야기한다.

🖉 **정답**

㉠ 옥살로아세트산 ㉡ β-하이드록시부티르산

🖉 **해설**

① 저탄수화물 식사 시 1단계, 체조직의 단백질이 분해되면서 아미노산이 포도당신생합성에 쓰이고, 2단계, 체지방의 분해가 증가되면 옥살로아세트산이 급격히 감소하여 TCA 회로를 통한 대사가 감소하면 지방 분해에 의해 생성된 아세틸 CoA는 케톤체(ketone body)을 합성함
② 케톤증(ketosis) : 혈액과 조직에 케톤체가 다량 축적되어 산혈증(acidosis)이 발생함

3. 다음은 ○○ 고등학교에서 이루어진 학생과 영양교사와의 대화 내용이다. 〈작성 방법〉에 따라 서술하시오. [4점]

학생

> 국민건강영양조사에서 청소년들의 경우 칼슘의 섭취량이 권장섭취량에 비해서 60% 미만으로 낮다는 기사를 보았어요. 칼슘 섭취가 왜 중요한가요?

> 칼슘은 체내에서 ㉠ 골격형성 및 유지, ㉡ 혈액 응고, 근육의 수축 이완, 세포 내의 신호 전달 및 효소 작용 등 많은 생리 기능에 관여하므로 중요해요.

영양교사

학생

> 저희에게 하루에 2잔 정도의 우유 섭취가 필요하다고 말씀하신 이유를 이해하겠어요. 그런데 칼슘을 너무 많이 먹어 ㉢ 혈액의 칼슘 농도가 높아졌을 때 칼슘 농도를 정상적으로 조절하는 기능이 우리 몸에 있나요?

〈작성 방법〉

○ 밑줄 친 ㉠에서 골격이 단단해지는 기전을 대표적 기질단백질명과 결정체명을 포함하여 서술할 것
○ 밑줄 친 ㉡과 관련된 칼슘의 역할을 서술할 것
○ 밑줄 친 ㉢에 관여하는 갑상선 분비 호르몬의 명칭을 쓸 것

✏️ **정답**

① ㉠ 칼슘은 수산화인회석(하이드록시아파타이트, hydroxyapatite)의 구성성분으로 뼈의 콜라겐 틀에 침착하여 골격을 단단하게 하는 역할을 한다.
② ㉡ 혈액 중의 혈소판이 트롬보플라스틴을 방출하여 Ca^{2+}와 함께 불활성형의 프로트롬빈을 활성형인 트롬빈으로 전환하고, 트롬빈이 혈장단백질인 피브리노겐을 반고형체인 피브린으로 전환시킴으로서 혈액이 응고된다.
③ ㉢ 칼시토닌(calcitonin)

✏️ **해설**

① 하이드록시아파타이트(수산화인회석)는 인산칼슘염과 수산화칼슘염의 복합염으로 뼈의 강도와 경도를 높임
② 피브린은 주변물질과 중합체를 이루어 불용성이 되어 혈액이 응고됨
③ 칼시토닌(calcitonin)은 갑상선의 C 세포에서 합성되는 호르몬으로 혈중의 칼슘 농도가 높을 경우 분비됨

11. 다음은 비타민 A에 관한 내용이다. 〈작성 방법〉에 따라 서술하시오. [4점]

비타민 A는 시각, 상피세포 건강 유지, 면역 기능, 성장 등에 중요하다. 눈의 간상세포에서 비타민 A는 어두울 때 ⊙ 로돕신을 형성하여 사물을 구별할 수 있게 하며, 밝을 때는 로돕신이 빛에 의해 분해된다. 이때 비타민 A가 부족하면 어두운 곳에서 보는 것이 어려워지므로 비타민 A의 적절한 공급이 필요하다. 비타민 A는 동물성 식품에서 주로 (ⓒ)형태로 존재하며, 동물성 식품으로부터 섭취된 비타민 A는 소화 후 ⓒ 소장에서 흡수되어 림프로 이동된다.

〈작성 방법〉

○ 밑줄 친 ⊙의 기전을 서술할 것
○ 괄호 안의 ⓒ의 명칭을 쓸 것(단, 레티놀은 제외)
○ 밑줄 친 ⓒ의 흡수과정과 림프로 이동되기 위한 과정을 각각 서술할 것

정답

① ⊙ 레티놀은 망막에 도달하면 간상세포에서 비타민 A의 11-cis 레티날(retinal)이 옵신(opsin) 단백질과 결합하여 로돕신(rhodopsin)을 형성하여 어두운 곳에서 볼 수 있도록 한다.
② ⓒ 레티노이드(retinoid)
③ ⓒ 레티닐 에스테르는 담즙과 췌장효소에 의해 레티놀과 지방산으로 가수분해된 후 소장에서 흡수된다. 흡수된 레티놀은 카일로미크론을 구성한 후 림프관을 통해 간으로 이동한다.

해설

① 레티노이드는 동물성 식품에 들어있는 레티놀(retinol), 레티날(retinal), 레티노산(retinoic acid)을 총칭하고, 카로티노이드는 식물성 식품에 들어있는 황색 내지는 적황색의 색소성분을 가리키는 명칭임
② 비타민 A는 동물성 식품 내 레티닐 에스테르 형태로 존재하고, 비타민 A는 간에서 혈류로 나갈 때 간에서 만든 레티놀 결합단백질(retinol binding protein, RBP)과 결합하여 조직으로 운반됨

2022년 기출문제 A형

1. 다음은 비타민 C에 관한 설명이다. 괄호 안의 ㉠, ㉡에 해당하는 용어를 순서대로 쓰시오. [2점]

> 대부분의 포유류는 간에서 포도당으로부터 비타민 C 생합성이 가능하다. 그러나 사람은 포도당으로부터 비타민 C 생합성이 불가능한데 그 이유는 체내에 (㉠) 효소가 없기 때문이다. 따라서 비타민 C는 식품을 통해서 섭취해야 한다. 한편, 비타민 C는 (㉡)(으)로 작용하여 세포 내 대사과정 중 생성되는 산소 자유기를 제거하고 비타민 E를 절약하는 작용에도 관여한다.

✏️ 정답

㉠ 굴로노락톤 산화효소(gulonlactone oxidase)   ㉡ 항산화제(환원제)

✏️ 해설

1. 비타민 C의 합성과정 및 구조
 1) 비타민 C의 합성과정
  ① 대부분의 식물과 동물은 비타민 C를 포도당으로부터 합성하지만 사람과 원숭이, 박쥐, 기니피그, 일부 어류 등은 비타민 합성의 맨 마지막 단계의 효소인 굴로노락톤 산화효소가 없기 때문임 포도당으로부터 비타민 C를 합성할 수 없음
  ② D-포도당 → 포도당6-인산 → L-굴로노락톤 → L-아스코르브산
 2) 비타민 C의 구조
  ① 비타민 C는 6개의 탄소로 이루어진 락톤 형태로 활성 형태는 환원형인 아스코르브산(ascorbic acid)과 산화형인 디하이드로아스코르브산(dehydroascorbic acid)이 있음
  ② 아스코르브산과 디하이드로아스코르브산 형태는 상호 전환이 가능함

11. 다음은 칼슘의 생리 기능과 조절에 관한 내용이다. 〈작성 방법〉에 따라 서술하시오. [4점]

> 인체 내 무기질 중 체내 함량이 가장 높은 칼슘의 대표적 기능은 골격 형성 및 유지이다. 칼슘의 부적절한 섭취, 흡수 불량 또는 과량의 손실은 골밀도에 영향을 끼쳐 골다공증을 유발할 수 있다. 골다공증은 모든 연령층에서 발생할 수 있으나, 노인과 ㉠ 폐경 후 여성에게서 발생 빈도가 높다. 혈액의 칼슘 농도는 정상적인 골격 대사와 골질량 유지에 관여하는 중요한 요인이다. 혈액의 칼슘 농도를 조절하는 호르몬에는 부갑상선호르몬, 칼시토닌 등이 있다. 부갑상선호르몬은 혈중 칼슘 농도가 낮을 때 작용하며, 칼시토닌은 혈중 칼슘 농도가 높을 때 작용한다. 부갑상선호르몬은 (㉡)에서 비타민 D를 활성화하고, ㉢ 활성화된 비타민 D는 혈액의 칼슘 항상성 유지에 기여한다.

〈작성 방법〉

ㅇ 밑줄 친 ㉠의 이유를 서술할 것
ㅇ 괄호 안의 ㉡에 해당하는 체내 기관의 명칭을 제시할 것
ㅇ 밑줄 친 ㉢의 기전 중 2가지를 서술할 것

정답

① ㉠ 폐경기에 에스트로겐 생성의 감소로 칼슘의 흡수를 감소시켜 골질량 손실이 급격하게 증가하기 때문이다.

② ㉡ 신장

③ ㉢ 첫째, 소장 점막 세포에서 칼슘 운반 단백질을 생성하여 칼슘과 인의 흡수 촉진한다.
　　둘째, 신장에서 칼슘의 배설은 감소시키고 인의 배설은 촉진하여 혈액 내 칼슘농도를 증가시킨다.

해설

1. 비타민 D_3
　① 피부에서 7-디하이드로콜레스테롤(7-dehydrocholesterol)로 부터 자외선에 의해 합성되므로 햇빛을 충분히 받지 못하는 경우에는 비타민 D가 많이 함유된 식품이나 보충제를 섭취함
　② 간에서 25-OH-D_3로 전환하여 신장에서 효소(1-hydroxylase)에 의해 히드록시화 되어 $1,25$-$(OH)_2$-D_3로 전환되어 스테로이드호르몬으로 작용함
　③ 혈액 내 칼슘은 $1,25$-$(OH)_2$-D_3, 부갑성호르몬, 칼시토닌에 의해 항상 일정한 수준을 유지함
2. 활성형 비타민 D의 작용
　① 소장 점막 세포에서 칼슘 운반 단백질을 생성하여 칼슘과 인의 흡수 촉진함
　② 파골세포에서 뼈의 칼슘이 혈액으로 용해되어 나오는 것을 촉진하여 혈중 칼슘의 항상성을 유지함
　③ 신장에서 칼슘의 배설은 감소시키고 인의 배설은 촉진함

12. 다음은 음주 시 간에서 일어나는 알코올의 대사과정이다. 〈작성 방법〉에 따라 서술하시오. [4점]

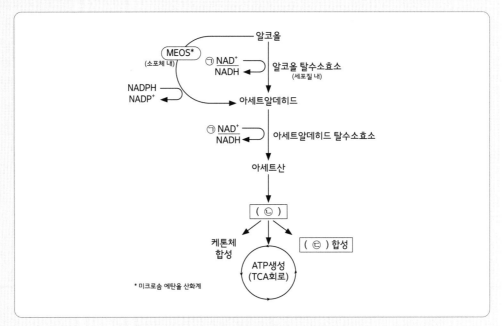

─────────────〈작성 방법〉─────────────

○ 밑줄 친 ㉠의 생성경로를 옥살로아세트산과 피루브산을 포함하여 각각 서술할 것
○ 괄호 안의 ㉡, ㉢에 해당하는 명칭을 순서대로 제시할 것

✏️ **정답**

──

① ㉠ 알코올을 산화하는데 필요한 NAD⁺를 지속적으로 공급하기 위해서는 피루브산과 옥살로아세트산을 각각 젖산과 말산으로 전환시켜서 생성한다.
② ㉡ 아세틸 CoA ㉢ 지질(지방)

✏️ **해설**

──

1. 알코올 대사
　① 에탄올이 알코올 탈수소효소에 의해 아세트알데히드로 산화됨
　② 아세트알데히드는 아세트알데히드 탈수소효소에 의해 아세트산으로 산화됨
　③ 생성된 아세트산은 아세틸 CoA로 전환됨

2. 알코올과 열량영양소 대사
　① 혈액의 pH 저하
　② 공복시 알코올을 섭취하면 저혈당 초래
　③ 케톤체 생성
　④ 지질합성 촉진

2022년 기출문제 B형

1. 다음은 탄수화물 대사에 관한 내용이다. 괄호 안의 ㉠, ㉡에 해당하는 용어를 순서대로 쓰시오. [2점]

> 세포질에서 (㉠)은/는 해당과정과는 다르게 ATP를 생성하지는 않지만, 지방산과 스테로이드 호르몬 합성에 필요한 환원제인 NADPH와 핵산의 구성 요소인 (㉡)을/를 생성한다. 따라서 (㉠)은/는 세포 분열이 활발한 조직(골수, 피부조직, 소장점막)이나 지방 합성이 활발한 조직(간, 유선, 피하조직) 등에서 주로 일어난다.

정답

㉠ 오탄당 인산경로　㉡ 리보오스(ribose -5-phosphate)

해설

1. 오탄당 인산경로(pentose phosphate pathway)
　① 육탄당 일인산 경로(hexose monophosphate shunt)라고도 하며, ATP는 생성하지 않고, NADPH와 리보오스(ribose -5-phosphate)을 생성함
　② 산화적 단계에서는 글루코오스 6-인산 탈수소효소와 글루콘산 6-인산 탈수소효소 반응에 의하여 NADPH와 리불로오스 5-인산(ribulose 5-phosphate)을 생성함
　③ 비산화적 단계에서는 리불로오스 5-인산을 리보오스 5-인산으로 전환시키는 이성질화효소(isomerase) 반응과 크실룰로오스 5-인산으로 전환시키는 에피모화효소(epimerase) 반응으로 시작함

6. 다음은 운동의 강도와 지속 시간에 따른 에너지원의 이용에 관한 내용이다. 〈작성 방법〉에 따라 서술하시오. [4점]

○ 운동 시 이용되는 에너지원은 운동의 강도, 지속 시간, 종류 등에 따라 달라진다. 운동을 시작하면 근육 내 소량 저장되어 있는 ATP는 근육 수축에 사용되고 고에너지화합물인 (㉠)에 의하여 재합성되어 짧은 시간에 사용된다.

○ 중정도 강도의 운동이 지속되면 혐기적 상태에서 근육에 저장되어있는 (㉡)이/가 분해되고 젖산을 생성함으로써 신속하게 ATP가 합성된다.

○ 운동을 더 지속하게 되면 ㉢ <u>혐기적 상태에서 호기적 상태로 전환됨</u>에 따라 사용되는 에너지원이 변화되어 ATP를 합성하게 된다.

○ 장시간 격심한 운동을 지속하면 (㉡)이/가 고갈되어 근육의 아미노산을 에너지원으로 사용하게 되므로 주의가 필요하다.

〈작성 방법〉

○ 괄호 안의 ㉠, ㉡에 해당하는 용어를 순서대로 제시할 것
○ 밑줄 친 ㉢의 비단백호흡상(호흡계수) 변화에 대하여 에너지원을 포함하여 서술할 것 (단, 다른 요인은 고려하지 않을 것)

🖉 **정답**

----

① ㉠ 크레아틴인산(phosphocreatine) ㉡ 글리코겐

② ㉢ 운동을 장시간 지속하는 경우에는 미토콘드리아에서 포도당(탄수화물)과 지방을 이용하여 에너지원과 산소를 사용하는 유산소반응을 통해 많은 양의 ATP를 생성하여 에너지를 발생한다. 열량 영양소의 호흡상은 0.7에서 1 사이에 있으며, 0.7에 가까울수록 지방 산화가 많은 것이고 1에 가까울수록 탄수화물 산화가 많은 것이다.

✎ **해설**

1. 운동 중 사용하는 에너지 체계
   ① ATP-크레아틴인산 체계 : 1~10초 범위에서 지속되는 신속한 최대 운동과정의 에너지원으로 사용됨
   ② 무산소성 해당계 : 젖산 체계라고도 하며 근육 수축을 위한 직접적인 에너지로 이용될 수 없지만 신속하게 ATP를 생성할 수 있음
   ③ 유산소성 에너지 체계 : 지구력이 필요한 운동에 이용되며 탄수화물과 지방으로 나눌 수 있다. 고강도의 운동 시에는 탄수화물이 더 효율적인 에너지원으로 이용되고, 더 낮은 강도의 운동을 할 경우에는 지방이 우선적으로 이용됨
2. 비단백호흡상(non-protein respiratory quotient, NPRQ)
   ① 탄수화물과 지질의 산화비율과 산소 1L에 대한 에너지 소비량을 나타냄
   ② 호흡상(respiratory quotient, RQ)은 소비한 산소에 대한 배출된 이산화탄소의 비율을 나타냄

제 **2** 과목

생애주기 영양학

1. 연령구분(1~2세, 3~18세, 19세 이상)에 따른 에너지에 대한 지방 섭취 비율(총지방 에너지적정비율)을 제시하고, 적정비율이 그와 같이 설정된 이유를 연령구분별로 2가지씩 쓰시오. 그리고 성인의 지방 섭취 시 고려해야 할 사항을 4가지 서술하시오(2010 한국인 영양섭취기준 적용). [10점]

🖋 정답

① 1~2세 20~35%, 3~18세 15~30%, 19세 이상 15~30%(2020년 한국인 영양소 섭취기준 적용)
② 설정된 이유는 모유의 지방 에너지 섭취비율이 40~50%인 것을 감안하여 1~2세의 지방 에너지 섭취비율은 2015년 섭취기준인 20~35%를 유지하였고, 미국(ACC/AHA)과 유럽(ESC/EAS)의 심장관련 학회에서는 지방의 섭취를 25~35%로, 유럽식품안전위원회에서는 20~35%, WHO에서는 15~35%로 제안하였다. 2015년 영양소 섭취기준에서 성인의 총 지방 에너지적정비율을 15~30%로 설정하였으며, 추가적인 과학적 근거가 없어 2015년 기준을 적용한다.

✎ **해설**

◆ 한국인의 1일 지질 섭취기준

성별	연령	충분섭취량				
		지방	리놀레산	알파-리놀렌산	EPA+DHA	DHA
		(g/일)	(g/일)	(g/일)	(mg/일)	(mg/일)
영아	0-5(개월)	25	5.0	0.6		200
	6-11	25	7.0	0.8		200
유아	1-2(세)		4.5	0.6		
	3-5		7.0	0.9		
남자	6-8(세)		9.0	1.1	200	
	9-11		9.5	1.3	220	
	12-14		12.0	1.5	230	
	15-18		14.0	1.7	230	
	19-29		13.0	1.6	210	
	30-49		11.5	1.4	400	
	50-64		9.0	1.4	500	
	65-74		7.0	1.2	310	
	75이상		5.0	0.6	280	
여자	6-8(세)		7.0	0.8	200	
	9-11		9.0	1.1	150	
	12-14		9.0	1.2	210	
	15-18		10.0	1.1	100	
	19-29		10.0	1.2	150	
	30-49		8.5	1.2	260	
	50-64		7.0	1.2	240	
	65-74		4.5	1.0	150	
	75이상		3.0	0.4	140	
임신부			+0	+0	+0	
수유부			+0	+0	+0	

출처 : 보건복지부·한국영양학회(2020). 2020 한국인 영양소 섭취기준

5. 다음은 중학생 A양 (13세)과 B 영양교사와의 대화 내용이다. 괄호 안의 ㉠에 들어갈 상한섭취량과 ㉡에 들어갈 질병 명칭을 순서대로 쓰시오(2010 한국인 영양섭취기준 적용). [2점]

> A   양 : 선생님, 저는 매끼 비타민 C를 보충제로 1,000 ㎎ 씩 먹고 있어요. 1년 동안 먹었는데 괜찮은가요?
>
> B 영양교사 : 응? 한국인 영양섭취기준에 따르면 너의 경우 비타민 C의 상한섭취량이 (㉠) ㎎이야. 비타민 C를 많이 먹는다고 다 좋은 것은 아니야. 적절한 양을 먹어야 해. 계속 그렇게 많이 먹다가 갑자기 복용을 중지하면 (㉡)이/가 나타날 수 있으니 섭취량을 서서히 줄여야 한단다.

🖊 정답

㉠ 1,400 ㎎(2020 한국인 영양소 섭취기준)   ㉡ 빈혈

🖊 해설

① 12~14세 비타민 C의 권장섭취량은 남자, 여자 모두 90 ㎎
   상한섭취량은 남자, 여자 모두 1,400 ㎎(2020 한국인 영양소 섭취기준)
② 15~18세 비타민 C의 권장섭취량은 남자, 여자 모두 100 ㎎
   상한섭취량은 남자, 여자 모두 1,600 ㎎(2020 한국인 영양소 섭취기준)

11. 성인 여성(연령: **19~29세**, 신장: **160.0 cm**, 체중: **56.3 kg**)의 1일 에너지 필요추정량은 **2,100 kcal**이다. 임신기에 추가되는 에너지필요추정량을 3개의 분기로 나누어 제시하고, 추가되는 에너지를 충족시키려면 어떤 식품은 얼마나 더 섭취해야 하는지 〈보기〉에 제시된 식품을 조합하여 분기마다 1가지를 〈작성 방법〉에 따라 쓰시오. [4점]

〈보기〉

[조합할 식품 목록]

○ 우유 1컵(200 g)·················· 125 kcal
○ 두부 1조각(80 g)·················· 75 kcal
○ 귤 1개(120 g) ·················· 50 kcal

〈작성 방법〉

○ 에너지 필요추정량은 한국인 영양섭취기준(2010)을 적용할 것
○ 식품 섭취로부터 계산되는 에너지의 오차 범위는 ±10 kcal 이내로 할 것

📝 정답

임신부의 에너지 필요 추정량 : +0, +340, +450(2020 한국인 영양소 섭취 기준 적용)

① 1분기 : 추가 없음
② 2분기 : +340 kcal, 우유 2컵, 귤 2개(350 kcal)
③ 3분기 : +450 kcal, 우유 2컵, 두부 2조각, 귤 1개(450 kcal)

🖊 해설

① 임신부의 에너지 필요 추정량은 비임신 여성의 에너지 필요량에 추가로 임신에 따른 에너지 소비량증가분과 모체조직의 성장에 필요한 에너지 축적량을 더하여 산출함

② 임신부의 에너지 섭취기준은 임신 1/3분기에는 추가량을 설정하지 않았으며, 2/3분기와 3/3분기에는 각각 340과 450 kcal로 설정함

◆ 각 식품군의 1교환단위당 영양성분

		에너지(kcal)	당질(g)	단백질(g)	지방(g)
곡류군		100	23	2	-
어육류군	저지방	50	-	8	2
	중지방	75	-	8	5
	고지방	100	-	8	8
채소군		20	3	2	-
지방군		45	-	-	5
우유군	일반우유	125	10	6	7
	저지방우유	80	10	6	2
과일군		50	12	-	-

출처 : 대한당뇨병학회(2010)

11. 다음은 성인의 에너지필요추정량 설정에 대한 설명과 공식이다. 〈작성 방법〉에 따라 순서대로 서술하시오. [4점]

> 2015년 한국인 영양소 섭취기준에서 성인의 에너지필요추정량은 현재까지 가장 정확한 총에너지소비량 측정 방법으로 알려져 있는 이중표식수법(double labeled water technique)을 근거로 산출한 공식을 이용하여 구하였다. 이 방법은 영양상담에 활용할 수 있는 개인별 에너지필요추정량을 쉽게 구할 수 있는 장점이 있다.
>
> [성인 남자]
> 에너지필요추정량 = 662 - 9.53 × A + PA (15.91 × B + 539.6 × C)
>
> [성인 여자]
> 에너지필요추정량 = 354 - 6.91 × A + PA (9.36 × B + 726.0 × C)

〈작성 방법〉
> ○ 에너지필요추정량 계산 공식에서 A와 C가 무엇인지 순서대로 쓸 것
> ○ PA가 무엇이며 어떻게 적용하는지 설명할 것

✏️ 정답

① A : 연령, C : 신장(m)

② 신체활동단계별 계수. 신체활동단계는 비활동적, 저활동적, 활동적, 매우 활동적으로 구분한다.
　(2020 한국인 영양소 섭취기준 적용)

✏️ 해설

◆ 에너지필요추정량(EER) 산출 공식에 적용되는 신체활동단계별 계수(PA)

신체활동단계	신체활동수준 (PAL)	신체활동단계별 계수(PA)			
		아동 및 청소년		성인	
		남	여	남	여
비활동적(Sendentary)	1.00~1.39	1.00	1.00	1.00	1.00
저활동적(Low active)	1.40~1.59	1.13	1.16	1.11	1.12
활동적(Active)	1.60~1.89	1.26	1.31	1.25	1.27
매우 활동적(Very active)	1.90~2.50	1.42	1.56	1.48	1.45

출처 : 보건복지부·한국영양학회(2020). 2020 한국인 영양소 섭취기준

② 2020 한국인 영양소 섭취기준에서 성인의 에너지필요추정량
　(EER) 산출시 신체활동단계별 계수(PA)는 남녀 각각 '저활동적' 수준에 해당하는 1.11과 1.12를 대입

2. 다음은 수유부의 식품 섭취와 관련된 내용이다. 괄호 안의 ㉠에 들어갈 비타민의 명칭과 ㉡에 해당하는 성분의 명칭을 순서대로 쓰시오. [2점]

> 장내세균에 의해 합성되는 수용성 비타민인 (㉠)은/는 수유기에 필요량이 증가하므로 브로콜리, 푸른 잎채소, 동물의 간 등을 섭취하여 보충하는 것이 좋다. 그러나 커피, 콜라, 녹차 속에 함유된 (㉡)은/는 모유를 통해 분비될 수 있으므로 가능한 한 먹지 않는 것이 바람직하다.

✎ 정답

㉠ 판토텐산 ㉡ 카페인

✎ 해설

① 판토텐산의 권장섭취량 : 19~49세 여자 5 ㎎, 임신부 +1 ㎎, 수유부 +2 ㎎ (2020 한국인 영양소 섭취기준)

② 엽산의 권장섭취량 : 19~49세 여자 400 ㎍, 임신부 +220 ㎍, 수유부 +150 ㎍ (2020 한국인 영양소 섭취기준)

③ 카페인의 약 1%가 모유로 분비되며, 모유의 카페인 농도는 모체 혈장 농도의 50~80% 수준임. 영아는 카페인을 대사하는 속도가 성인보다 무척 느려 체내에 축적될 수 있으므로 수유여성은 카페인의 과량 섭취를 삼가야 함

3. 생애주기별 연령구분(1~2세, 3~18세, 19세 이상)에 따른 지방의 에너지적정섭취비율 (AMDR: Acceptable Macronutrient Distribution Ranges)을 각각 순서대로 쓰고, 특 정 연령 구간에서 지방의 에너지 적정섭취비율이 다르게 설정된 이유를 1가지 서술하시오 (2015 한국인 영양소 섭취기준 적용). [4점]

🖊 **정답**

① 1~2세 20~35%, 3~18세 15~30%, 19세 이상 15~30% 이다(2020 한국인 영양소 섭취기준 적용).

② 지방 제한 시 상대적으로 탄수화물 섭취가 증가하여 혈액 내 중성지방 수치가 오히려 상승할 수 있 고, 총지방량보다 지방의 종류가 중요하다는 근거와 미국, 유럽, 일본의 영양소섭취기준을 참고하 여 전 연령층에서 15~30%로 조정하였다.

🖊 **해설**

① 유아의 지질 섭취는 식사량이 적은 어린이의 성장을 위해 필요한 농축된 열량공급원, 필수지방산 과 지용성 비타민의 공급을 위해 중요함

2019년도 기출문제 A형

3. 다음은 모유의 성분에 대한 설명이다. 괄호 안의 ㉠, ㉡에 해당하는 영양성분의 명칭을 순서대로 쓰시오. [2점]

> 모유 내 단백질은 크게 카제인과 (㉠)(으)로 구분된다. 이 중 (㉠)에는 락트알부민, 라토페린, 면역글로불린 등 면역기능을 가진 성분이 포함되어 있으며 수유 기간이 증가함에 따라 그 함량이 점점 감소된다. 모유 단백질의 아미노산 조성의 특징은 우유에 비해 (㉡)의 함량이 낮다는 것이다. 선천성 대사 장애가 있는 영아의 경우 (㉡)이/가 티로신으로 대사되지 못해 체내에 쌓임으로써 중추신경계에 영향을 미쳐 정신질환을 유발할 수도 있다.

📝 정답

㉠ 유청단백질   ㉡ 페닐알라닌

📝 해설
----
① 모유의 단백질은 카제인 함량이 10~50%로 낮고, 유청단백질인 락트알부민이 50~90%로 높음
② 락트알부민은 영아의 위 속에서 부드럽게 응고되어 소화가 용이하나 카제인은 상대적으로 단단한 덩어리를 형성함
③ 모유의 아미노산 조성의 특징은 타우린, 타이로신과 시스테인의 함량이 높은 반면에 페닐알라닌과 메티오닌 함량이 낮음
- 타우린은 지방의 소화를 돕고 중추신경계와 망막에서 신경전달물질로 작용함
- 페닐케톤뇨증은 선천적으로 페닐알라닌 수산화효소가 결핍되거나 또는 활성이 저하되어 페닐알라닌이 티로신으로 대사되지 못하고 대신 페닐케톤체(페닐피루브산, 페닐아세트산, 페닐락트산 등)로 전환되는 질환

5. 다음은 임신 후반기 태아에게 필요한 조건적 필수아미노산을 설명한 내용이다. 괄호 안의 ㉠, ㉡에 해당하는 아미노산의 명칭을 순서대로 쓰시오. [2점]

> 임신 후반기의 여성은 단백질 필요량이 크게 증가한다. 그 이유는 태아가 단백질 합성에 필요한 아미노산을 대부분 모체를 통해서 얻기 때문이다. 임신 20주 이후 태아는 성인과 같이 비필수아미노산들을 합성할 수 있으나, (㉠)와/과 (㉡)은/는 충분히 합성할 수 없으므로 이 아미노산들을 모체로부터 지속적으로 공급받아야 한다. 이들 중 요소회로의 구성물질인 (㉠)은/는 일산화질소의 전구체이고, 메티오닌에서 합성되는 황 함유 아미노산인 (㉡)은/는 타우린의 전구체이다.

✎ 정답

㉠ 아르기닌 ㉡ 시스틴

✎ 해설

---

① 임신 초기에는 단백질 필요량이 매우 적지만 후반기에는 크게 증가, 태아는 하루에 2 g/kg의 단백질을 필요함
② 임신 첫 3개월 동안 태아의 간조직은 비필수 아미노산을 합성할 수 없으므로 모든 아미노산들은 임신 초기의 태아에게 필수임
③ 함황아미노산
   • 시스테인은 -SH기가 2개 연결되어 시스틴(시스틴은 이황화결합(-S-S-)이 존재)이 되고, 체내에서 메티오닌으로부터 생성됨
   • 메티오닌은 체내에서 부족한 경우 시스틴으로 대용할 수 있음

2019년도 기출문제 B형

8. 다음은 권장식사패턴을 활용하여 학생 스스로 식사를 평가하고 계획할 수 있도록 영양교사가 중학교 1학년 남학생과 영양상담을 하는 상황이다. 〈작성 방법〉에 따라 논술하시오. [10점]

학 생 : 선생님! 주말에 먹은 음식을 적어 오라고 하셔서 토요일 하루 식단을 써 가지고 왔는데요. 한번 봐 주세요.

학생의 하루 식단

( )는 섭취 횟수

식품군 \ 메뉴	섭취 횟수	아침 패스트리 햄구이 달걀프라이	점심 햄버거 감자튀김 아이스크림	저녁 쌀밥 돈가스(소스 포함) 양배추샐러드 단무지	간식 크림빵 팝콘 바나나 우유
곡류	3.5회	패스트리 40 g(0.5)	햄버거 빵 40 g(0.5) 감자 140 g(0.3)	백미45 g(0.5) 밀가루+빵가루 20 g(0.2)	크림빵 80 g(1) 팝콘 28 g(0.5)
고기·생선·달걀·콩류	5.5회	햄 30 g(1) 달걀60 g(1)	햄버거 패티 120 g(2) 베이컨 15 g(0.5)	돼지고기 60 g(1)	
채소류	2.5회		양상추토마토 35 g(0.5)	양배추 70 g(1) 단무지 40 g(1)	
과일류	1회				바나나 100 g(1)
우유·유제품류	2회		아이스크림 100 g(1)		우유 200 ㎖(1)

유지·당류는 조리 및 가공에 15회 포함됨.
버터 10 g(2), 마가린 15 g(3), 콩기름 25 g(5), 케첩 20 g(0.5), 마요네즈 12.5 g(2.5), 설탕 20 g(2)

영 양 교 사 : 식사 내용을 보니 ㉠ 포화지방산의 섭취가 높고 마가린이나 팝콘 같은 트랜스지방산이 포함된 음식을 먹었네요. 반면에 식이섬유의 섭취는 부족하네요. 이런 식사를 계속하면 혈중 지질농도를 변화시켜 질병을 일으킬 수 있어요. 또한 필수지방산의 섭취도 혈중 지질농도와 관련이 있어서 ㉡ 식사에서 필수지방산 섭취 비율을 적절하게 유지해야 해요.

…(중략)…

영 양 교 사 : 이번에 ㉢ 권장식사패턴과 비교해 볼까요? 섭취가 부족한 식품군이 있네요. 균형잡힌 식사를 위해서는 권장식사패턴에 맞추어 모든 식품군을 골고루 섭취하는 것이 중요해요. 건강한 식사로 어떻게 바꿀 수 있을지 우리 한번 살펴볼까요?

…(하략)…

〈작성 방법〉

○ 밑줄 친 ㉠에 해당하는 3가지 영양성분의 섭취가 혈중 콜레스테롤 농도에 미치는 영향에 대해 서술할 것(단, 포화지방산과 트랜스지방산의 경우 혈중 지단백질 종류에 따라 서술할 것)

○ 영양교사는 학생에게 밑줄 친 ㉡을 위해 햄 대신 고등어를 선택하도록 제안했다. 그 이유를 서술할 것

○ 밑줄 친 ㉢의 구체적인 평가 내용을 건강한 청소년기 남자 권장식사패턴과 비교하여 식품군을 기반으로 서술할 것

○ 균형잡힌 식사를 위하여 점심 메뉴 3가지를 모두 바꾸어 새로운 식단을 계획하고 그 이유를 서술할 것 (단, 권장식사패턴 섭취 횟수를 근거로 하여 과잉 또는 부족 식품군을 위주로 서술할 것)

○ 위의 내용을 짜임새 있게 구성하여 서술할 것

정답

① ㉠ 동물성 지방인 포화지방산과 트렌스지방산은 혈중 LDL 콜레스테롤의 수치를 높이고, HDL 콜레스테롤의 수치를 낮추어 심혈관질환의 위험율을 높인다. 반면에 수용성 식이섬유는 장에서 콜레스테롤과 결합하여 배설되어 혈청 콜레스테롤을 감소시킨다.

② ㉡ 등푸른 생선에는 α-리놀렌산이 풍부하고, 필수지방산을 공급할 수 있다.

③ ㉢ 청소년기 남자 권장식사패턴에서 채소류 8회, 과일류 4회이나 이 학생은 채소류 2.5회, 과일류 1회로 부족하게 섭취하고 있는 반면에 유지·당류는 과잉으로 섭취하고 있으므로 점심식사는 채소와 과일을 많이 섭취할 수 있도록 식단을 작성하고. 필수지방산을 보완할 수 있는 식품도 선택한다.

해설

청소년의 권장식사패턴 A

① 남자 : 곡류 3.5회, 고기·생선·달걀·콩류 5.5회, 채소류 8회, 과일류 4회, 우유·유제품 2회, 유지·당류 8회

② 여자 : 곡류 3회, 고기·생선·달걀·콩류 3.5회, 채소류 7회, 과일류 2회, 우유·유제품 2회, 유지·당류 6회

2020년도 기출문제 A형

1. 다음은 임신기의 영양소 섭취에 관한 내용이다. 괄호 안의 ㉠, ㉡에 해당하는 비타민의 명칭을 순서대로 쓰시오. [2점]

> 임신부가 (㉠)을/를 보충제로 상한섭취량 이상 장기간 섭취하면 독성에 의해 태아의 안면 기형과 심장, 중추신경계 이상 등의 기형 발생 위험이 증가한다. 따라서 임신기 (㉠) 상한섭취량은 태아 기형 발생을 독성 종말점으로 하여 설정되었다. (㉡)은/는 근육의 필수 성분으로 임신기간에 태아의 조직 발달을 위하여 요구량이 증가되고, 조효소로 작용하여 글루타티온 환원효소의 활성을 유지하는 과정에 관여한다. 현재까지는 임신부를 대상으로 다량의 (㉡) 보충이 건강에 유해하다는 근거가 부족하므로 상한섭취량은 설정되지 않았다.

✎ 정답

㉠ 비타민 A ㉡ 비타민 B_2

✎ 해설

① 비타민 A의 권장섭취량
- 19~49세 650 μgRAE, 임신부 +70 μgRAE, 상한섭취량 3,000 μgRAE(2020 한국인 영양소 섭취기준)
- 성인 및 노인은 간독성을 독성종말점으로 적용하고 있음
② 리보플라빈 권장섭취량
- 19~49세 1.2 mg, 임신부 +0.4 mg(2020 한국인 영양소 섭취기준)
- 리보플라빈은 전연령층에서 상한섭취량이 없음

5. 다음은 노인기의 영양소 섭취기준에 관한 내용이다. 〈작성 방법〉에 따라 서술하시오. [4점]

> 노인기에는 성인기에 비하여 대부분의 영양소 필요량이 감소한다. 그러나 (㉠)은/는 성인기보다 필요량이 증가하는 미량영양소로 ㉡ 노인기의 충분섭취량이 성인기보다 높다. 노인기에는 생리적 기능이 저하되고 식사섭취량이 줄어들어 영양불량이 나타나기 쉽다. 따라서 노인기에는 미량영양소의 섭취량이 권장 수준에 미달되지 않도록 하고, 보충제 섭취 시 상한섭취량 이상 섭취하지 않도록 권고한다.

〈작성 방법〉

○ 괄호 안의 에 들어갈 영양소의 명칭을 쓰고, 이 영양소의 노인기 충분섭취량을 단위와 함께 제시할 것(단, 2015 한국인 영양소 섭취기준에 근거함)
○ 밑줄 친 의 이유 2가지를 제시할 것(단, 식사량, 골격건강 및 질병은 고려하지 않음)

✏️ **정답**

① ㉠ 비타민 D, 15 ㎍(2020 한국인 영양소 섭취기준 적용)
② ㉡ 이유는 첫째, 신장에서 1, 25-(OH)$_2$-D$_3$의 합성 능력이 감소하고, 둘째, 피부에서 비타민 D 전구체의 합성 능력이 감소하고 활동의 제약으로 자외선에 노출될 기회가 적다.

✏️ **해설**

① 칼슘 흡수를 촉진하는 비타민 D의 결핍은 골다공증을 초래할 수 있음
② 노인의 칼슘 권장섭취량(2020 한국인 영양소 섭취기준)
　65세이상 남자 700 ㎎, 여자 800 ㎎

1. 다음은 ○○고등학교에서 이루어진 영양교사 실습생(이하 교생)과 영양교사의 대화내용이다. 괄호 안의 ⊙에 해당하는 값을 쓰고 ⓒ에 해당하는 값의 범위를 쓰시오(소수점 첫째 자리까지 표기). [2점]

영 양 교 사 : 교생선생님, 우리 학교 12월 식단을 구성해 보세요. 모든 영양소의 양은 2015 한국인 영양소 섭취기준에 근거해서 계획해 보세요.

교　　　생 : 네, 제일 먼저 무엇을 하는 것이 좋을까요?

영 양 교 사 : 학교에서 점심 식사로 제공할 에너지량을 계산해 보세요. 15~18세 남성의 에너지 필요추정량을 사용하고 간식은 고려하지 마세요.

교　　　생 : (⊙) kcal입니다. 맞게 계산했는지 검토 부탁드려요.

영 양 교 사 : 네, 맞았어요. 그리고 요즘 당류 섭취가 증가하고 있기 때문에 학교에서는 '당 섭취 줄이기 사업'을 실시하고 있어요. 15~18세 남성의 1일 총당류 섭취량 범위를 구해 보세요.

교　　　생 : 총당류 섭취량 범위는 하루 (ⓒ) g으로 해야겠네요.

영 양 교 사 : 네, 맞아요.

정답

⊙ 900 kcal　ⓒ 67.5~135 g

해설

① 12~14세 남자 2500 kcal, 15~18세 남자 2700 kcal, 12~18세 여자 2000 kcal(2020 한국인 영양소 섭취기준 적용)

② 1일 총당류섭취량은 총에너지섭취의 10~20%로 제한하며, 첨가당은 10% 이내 섭취하도록 권고
 - $2700 \times 0.1 / 4 = 67.5$ g
 - $2700 \times 0.2 / 4 = 135$ g

5. 다음은 수유부의 에너지 필요추정량과 모유 수유에 관한 내용이다. 〈작성 방법〉에 따라 서술하시오. [4점]

> 수유부의 영양필요량은 가임기 여성의 에너지필요추정량보다 높다. 수유부의 에너지필요 추정량은 가임기 여성의 하루 에너지필요추정량에 ㉠ 490 kcal를 더하고 ㉡ 170 kcal를 뺀 값 인 320 kcal를 추가하여 설정되었다(2015 한국인 영양소 섭취기준). 모유는 아기의 성장과 면역기능에 가장 적합하다. 하지만 수유부 또는 아기에게 건강문제가 있으면 모유 수유가 어 려운 경우가 있을 수 있다. 예를 들어, ㉢ 생후 2~3일경 아기의 얼굴, 눈의 흰자위, 가슴, 피부 에 노란색을 띄는 증상이 나타나면 모유 수유를 하는 데 어려움이 있을 수 있다.

---〈작성 방법〉---

○ 밑줄 친 ㉠, ㉡에 해당하는 이유를 각각 1가지씩 제시할 것
○ 밑줄 친 ㉢ 증상의 명칭을 쓰고, 발생 이유 1가지를 제시할 것

🖋 **정답**
---

① ㉠ 에너지소비량 증가분(모유분비에 필요한 에너지)
  ㉡ 잉여에너지 축적량(모체에 저장된 지방조직에서 동원된 에너지)
② ㉢ 모유황달, 발생 이유는 모유수유가 충분하지 않아서 생긴 탈수나 에너지 섭취 감소 때문이다.

🖋 **해설**
---

① 조기 모유 황달
 • 생후 2~5일에 발생하여 10일 정도 지속되며, 모유수유가 충분하지 않아서 생긴 탈수나 에너지 섭취 감소 때문에 발생
 • 치료는 출생 후에 되도록 빨리 모유수유를 시작하고 하루 8~12회 이상 자주 충분히 수유하도 록 함
② 후기 모유 황달
 • 생후 7~10일에 발생하여 증상이 3주 이상 지속되기도 함
 • 모유 중에 빌리루빈의 배설을 늦추는 요인이 있어서 발생함
 • 치료는 1~2일간 모유를 중단하고, 모유 대신 조제유를 제공해서 황달이 진정되면 다시 모유수 유를 시작함

5. 다음은 신생아의 생리적 황달에 관한 설명이다. 〈작성 방법〉에 따라 서술하시오. [4점]

> 신생아 황달은 생후 2~3일쯤 지나 눈의 흰자위와 얼굴색이 노랗게 변하는 것을 의미하며 7~10일 정도 지나면 자연적으로 증상이 사라진다. 신생아 황달이 일어나는 이유는 출생 후 태아의 (㉠)이/가 다량 분해되어 빌리루빈 생성량이 많아지나 이를 원활하게 대사하지 못하여 혈중 빌리루빈 농도가 높아지기 때문이다. 만약, 혈중 ㉡ 빌리루빈 농도가 높게 유지되면 중추신경계의 손상이 초래될 수 있다.

〈작성 방법〉

○ 괄호 안의 ㉠에 해당하는 명칭을 쓸 것
○ 밑줄 친 ㉡의 해독과정을 서술하고, 이 과정이 일어나는 기관의 명칭을 쓸 것

✎ **정답**

① ㉠ 적혈구
② ㉡ 적혈구 헴의 분해 산물인 빌리루빈을 글루쿠로나이드(bilirubinglucuronide)와 접합하여 수용성으로 만든 후 담즙을 형성하여 십이지장으로 배출된 후 대변으로 배설되고, 이 과정이 일어나는 기관은 간이다.

✎ **해설**

신생아의 생리적 황달

① 태아형 헤모글로빈에 함유된 적혈구가 분해되면서 많은 양의 빌리루빈이 생성되나 신생아는 간 기능이 미숙한 상태이므로 빌리루빈을 처리하지 못하기 때문에 조직과 혈액 중에 빌리루빈이 축적되어 피부가 노랗게 변하는 현상
② 보통 생후 2~3일경에 신생의 생리적 황달이 일어나고, 생후 7~10일 정도가 지나면 자연적으로 황달 증상이 없어짐

2021년도 기출문제 B형

1. 노년기의 생리적 변화와 관련된 호르몬에 관한 내용이다. 괄호 안의⊙, ⓒ에 들어갈 호르몬의 명칭을 순서대로 쓰시오. [4점]

> 호르몬 분비량의 변화는 체내 기능의 변화와 밀접한 관련이 있다. 노년기에 분비가 감소되는 (⊙)은/는 송과선에서 분비되는 수면 주기 조절 호르몬으로 면역기능의 감소와도 관련이 있다. (ⓒ)은/는 뇌하수체 전엽에서 분비되는 호르몬으로 단백질의 합성을 촉진한다. 이 호르몬은 20대 이후 감소하여 60대 이후 결핍 상태가 되는 경우가 많으며, 이는 근력 및 의욕저하, 골다공증 등과 연관된다.

🖊 정답

⊙ 멜라토닌 ⓒ 성장호르몬

🖊 해설

노화로 인한 호르몬의 변화
① 췌장의 인슐린 분비 감소 : 당뇨가 유발되기 쉬움
② 성장호르몬의 분비 저하 : 근력 저하, 골다공증 유발
③ 멜라토닌 호르몬의 분비 저하 : 노화를 촉진함
④ 에스트로겐 분비 감소 : 체지방의 증가와 근육량 저하, 골다공증 유발률 증가
⑤ 테스토스테론 분비 감소 : 근육량이 감소되고 근력이 약화됨

9. 다음은 건강 사이트의 **Q&A** 일부이다. 〈작성 방법〉에 따라 서술하시오. [4점]

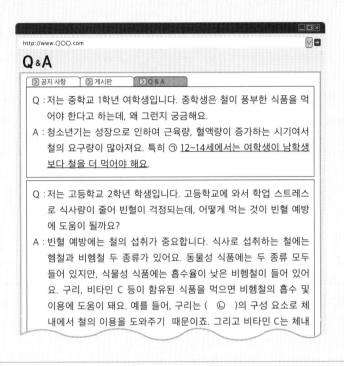

〈작성 방법〉

○ 밑줄 친 ㉠의 이유를 서술하고, ㉠에서 12~14세 여학생의 권장섭취량과 단위를 2020 한국인 영양소 섭취기준에 근거하여 제시할 것
○ 괄호 안의 ㉡에 해당하는 명칭을 쓰고, ㉡이 철의 이용을 돕는 기전을 서술할 것

🖉 **정답**

1. 첫째, ㉠의 이유는 초경이 시작된 여성 청소년은 월경에 의한 철 손실 때문에 철 요구량이 더 많 아진다. 둘째, 16mg/일

2. ㉡ 세룰로플라스민(ceruloplasmin), 세룰로플라스민은 2가의 철을 3가의 철로 산화시켜 혈 중 철 결합 단백질인 트랜스페린과의 결합을 촉진시킴으로써 철의 체내 이동과 흡수를 돕는다.

해설

1. 1~18세의 유아, 어린이 및 청소년의 철 섭취기준 설정
   ① 1~18세의 유아, 어린이 및 청소년의 철 섭취기준 설정을 위해 기본손실량, 헤모글로빈 철 증가량, 성장을 위한 조직철 및 저장철 증가량 및 여자의 월경혈 손실을 모두 더하여 체내 요구량을 계산하였으며, 여기에 철 흡수율을 12%로 가정하여 평균필요량을 산출하였음
   ② 철 권장섭취량 설정은 변이계수를 15%로 하여 평균필요량의 130% 수준으로 설정하였음.
   ③ 철 권장섭취량 : 12~14세 남학생 14mg, 여학생 16mg, 15~18세 남학생과 여학생 모두 14mg
2. 철 흡수에 영향을 주는 요인
   ① 철 흡수를 증진하는 요인 : 헴철(육류, 가금류, 어류), 비타민 C, 위산, 유기산 등
   ② 철 흡수를 방해하는 요인 : 피틴산, 옥살산, 탄닌, 식이섬유, 2가의 양이온 무기질(칼슘, 아연, 망간) 등

2022년 기출문제 B형

2. 다음은 특수 조제유에 관한 설명이다. 괄호 안의 ㉠, ㉡에 해당하는 용어를 순서대로 쓰시오. [2점]

> 선천적 대사장애를 가진 영아에게는 특수 조제유로 영양을 공급해야 한다. 페닐케톤뇨증은 선천적으로 (㉠)을/를 (㉡)(으)로 전환하는 효소의 활성이 낮거나 결핍된 경우에 발생하므로, 페닐케톤뇨증을 가진 영아에게는 (㉠)이/가 제한된 조제유를 제공해야 한다.

정답

㉠ 페닐알라닌 ㉡ 티로신

해설

1. 페닐케톤뇨증(phenylketouria)
   ① 원인 : 페닐알라닌 수산화효소의 결핍이나 불활성으로 페닐알라닌이 티로신으로 대사되지 못해 체내에 페닐알라닌과 그 대사산물이 과도하게 축적되어 요로 페닐케톤을 다량 배설하는 선천성 대사이상 질환임
   ② 진단기준 : 혈중 페닐알라닌 농도는 6~10mg/dL 이상이고, 티로신 농도가 3mg/dL 미만일 때임
   ③ 치료 및 영양관리 : 혈중 페닐알라닌 농도가 2~6mg/dL로 유지되도록 페닐알라닌을 제한하고 티로신을 보충함

제 3 과목

영양판정

7. 다음은 영양소 ㉠, ㉡의 영양 상태를 판정하기 위하여 적혈구 효소 활성 계수를 검사한 결과이다. 영양소 ㉠, ㉡은 무엇인지 순서대로 쓰고, 각 영양소의 영양 상태를 제시된 판정 기준에 따라 '양호' 또는 '불량'으로 판정하시오. [2점]

영양소	판정 지표		활성계수	
			검사 결과	판정 기준
㉠	트랜스케톨라제(transketolase)		1.43	1.14~1.24[a]
㉡	트랜스아미나제 (transaminase)	EGOT (EAST)	1.54	1.80[b]
		EGPT (EALT)	1.12	1.25[b]

[a] Gibson RS. Principles of Nutritional Assessment. 2005
[b] Lee RD, Nieman DC. Nutritional Assessment. 2006

🖉 **정답**

㉠ 비타민 B_1의 기능적 검사법, 불량
㉡ 비타민 B_6의 기능적 검사법, 양호

🖉 **해설**

① 트랜스케톨라제(transketolase)
  • 티아민의 초기 결핍상태를 판정하는 가장 정확한 방법
  • 활성계수가 클수록 티아민의 결핍을 의미함
  • 정상 <1.15, 경계 1.14~1.24, 결핍(불량) > 1.25
② 트랜스아미나제(transaminase)
  • 비타민 B_6의 영양상태 판정을 위하여 적혈구 효소활성을 측정하여 그대로 사용하기 보다는 ALT 혹은 AST 지수를 사용함

- ALT와 AST 중에서 ALT가 비타민 B_6의 상태변화에 대해 훨씬 민감하여 더 많이 이용함
- 수치가 작을수록 양호함
- 정상(양호) : EGOT(AST) <1.80, EGPT(ALT) <1.25
  결핍(부족) : EGOT(AST) >1.80, EGPT(ALT) >1.25

8. 다음은 식사 섭취 조사의 신뢰도를 높이기 위하여 조사원 훈련에 사용된 지침의 일부이다. 어떤 식사 섭취 조사 방법을 위한 지침인지 쓰시오. [2점]

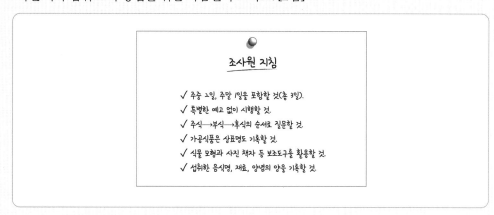

조사원 지침

✓ 주중 2일, 주말 1일을 포함할 것(총 3일).
✓ 특별한 예고 없이 시행할 것.
✓ 주식→부식→후식의 순서로 질문할 것.
✓ 가공식품은 상표명도 기록할 것.
✓ 식물 모형과 사진 책자 등 보조도구를 활용할 것.
✓ 섭취한 음식명, 재료, 양념의 양을 기록할 것.

🖊 **정답**

24시간 회상법(24 hour recall method)

🖊 **해설**

① 24시간 회상법은 조사 전날 하루 동안 섭취한 식품의 종류와 양을 기억해 내도록 하여 섭취량을 추정하는 방법으로 인터뷰 방식으로 실시됨
② 조사내용은 섭취한 모든 종류의 음식, 음료수, 간식, 영양보충제 등의 재료, 조리방법, 섭취량, 상표명, 섭취장소 및 시간을 조사함
③ 조사시간 : 15-30분 이내
④ 장점은 읽고 쓰기 불편한 사람의 식품섭취량에도 조사할 수 있고, 특별한 예고 없이 인터뷰를 하므로 대상자는 식생활을 거의 바꾸지 않음
⑤ 단점은 기억에 의존하므로 섭취한 음식을 빠뜨리기 쉽고, 특히 어린이나 노인에게는 적합하지 않으며 숙련된 조사원이 필요함

3. 연수(여, 10세)의 신장은 **150 cm**이고 체중은 **48 kg**이다. 연수의 체질량지수(**body mass index: BMI**)를 구하시오. 그리고 제시된 연령별 체질량지수 성장도표를 참고하여 비만을 판정하고 그 근거를 제시하시오(단, 체질량지수는 소수점 이하 둘째 자리에서 반올림할 것). [4점]

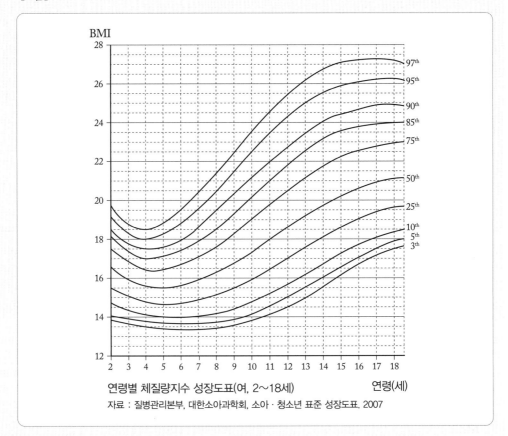

연령별 체질량지수 성장도표(여, 2~18세)

자료 : 질병관리본부, 대한소아과학회, 소아 · 청소년 표준 성장도표. 2007

정답

① 체질량지수(body mass index: BMI) : 21.3 kg/m²
② 90백분위수(과체중)

해설

① 체질량지수 : 체중(kg) / 신장(m)²
   48 kg / 1.50 × 1.50 = 21.33 kg/m²

◆ 2017년 소아청소년 성장도표

	0~2세		2~18세	
	성장도표	선별 기준	성장도표	성장 기준
저신장	연령별 신장	3백분위수 미만	연령별 신장	3백분위수 미만
소두증	연령별 머리둘레	3백분위수 미만	-	
저체중	연령별 체중	5백분위수 미만	연령별 체중	5백분위수 미만
과체중	신장별 체중	95백분위수 미만	연령별 체질량지수	85백분위수 이상이면서 95백분위수 미만
비만	-		연령별 체질량지수	95백분위수 이상

출처: 질병관리본부(2017). 2017 소아청소년 성장도표

2015년도 기출문제 A형 / 서술형

2. 영양섭취기준을 설정할 때, 에너지는 다른 영양소와 달리 필요추정량을 권장 수준으로 정한다. 그 이유를 다음 〈조건〉에 따라 기술하시오(2010 한국인 영양섭취기준 적용). [5점]

〈조건〉

○ 영양섭취기준 4가지 중 2가지 이상을 사용하여 설명할 것
○ 영양소 섭취의 부족 위험과 과다 위험을 포함하여 설명할 것
○ 건강한 인구 집단의 필요량 충족 정도(%)를 포함하여 설명할 것

📝 정답

에너지는 영양소 섭취기준(Dietary Reference Intakes, DRI)에서 제시되는 4가지 개념인 평균필요량, 권장섭취량, 충분섭취량 및 상한섭취량 중에서 평균필요량에 해당하는 에너지필요추정량(Estimated Energy Requirements, EER)으로 제시되었다. 그 이유는 권장섭취량은 건강한 대다수 국민들의 필요량을 충족시키는 양(97~98%)으로 평균필요량에 여유분을 추가하여 결정되기 때문에 많은 사람들에게는 필요량을 초과하는 양이 된다. 그러므로 에너지에 권장섭취량 개념을 적용하게 되면, 대다수의 사람들이 필요량을 초과하여 섭취하게 되고, 소비하고 남은 여분의 에너지는 체지방으로 전환·축적되어 비만을 초래할 수 있다. 이는 각종 질병의 직·간접적인 원인이 될 수 있으므로 에너지에는 권장섭취량을 적용하지 않았고, 이와 같은 이유로 에너지에는 상한섭취량도 설정하지 않았다.

해설

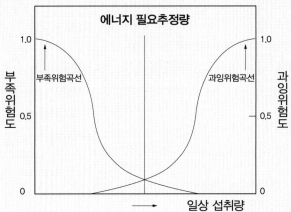

그림1. 에너지필요추정량의 결정

출처 : 보건복지부·한국영양학회(2020). 2020 한국인 영양소 섭취기준

3. 다음은 평소 편식이 심한 A군(19세)의 혈액 검사 결과이다. 이를 바탕으로 A군에게 부족할 것으로 예상되는 영양소 2가지를 쓰시오. 또한 이 두 영양소의 결핍을 판정하기 위해 추가로 시행하여야 할 생화학적 기능 검사의 명칭을 각각 1가지씩 쓰시오. 그리고 식사요법을 적용하기 전에 이러한 추가 검사가 필요한 이유를 서술하시오. [5점]

혈액 검사 결과

검사 항목	참고치	검사 결과
헤모글로빈(g/dL)	13~17	13
헤마토크릿(%)	39~52	40
트랜스페린 포화도(%)	20~50	39
적혈구 프로토포피린(μmol/L)	0.352~0.892	0.596
평균 혈구 혈색소(MCH), (pg)	27~34	35
평균 혈구 혈색소 농도(MCHC), (g/L)	320~360	325
평균 혈구 부피(MCV), (fL)	80~100	108

🖊 정답

① 엽산, 비타민 B$_{12}$
② 디옥시우리딘 억제시험(deoxyuridine suppression test), 이유는 거대적아구성 빈혈의 원인이 엽산결핍인지 비타민 B12결핍인지를 알아보기 위해 필요한 검사법이다.

🖊 해설

A군은 혈액 검사 판정 결과 빈혈지표 중 MCV만 증가했고 나머지는 정상임. 거대적아구성 빈혈일 때 MCV는 증가하고, MCHC는 정상임. 거대적아구성 빈혈은 비타민 B$_{12}$ 또는 엽산 결핍 시 나타남

6. 영양공급량과 영양섭취량의 개념을 정확히 알아 둘 필요를 느낀 영양교사는 2013년 식품수급표에서 1인 1일당 영양공급량의 산출 방법을 찾고, 2013년 국민건강통계(국민건강영양조사)에서 1인 1일당 영양섭취량 산출 방법을 찾았다. 영양교사가 찾은 1인 1일당 영양공급량과 1인 1일당 영양섭취량의 산출 방법을 각각 서술하고, 식품수급표는 국가 차원에서 어떻게 활용될 수 있는지 1가지를 기술하시오. [5점]

✎ 정답

① 영양공급량(1인 1일당 영양공급량)은 식품공급량에 영양성분가를 적용하여 계산한 결과이다.
  • 1인 1일당 영양공급량 : 1인 1일당 공급량 × 식품의 영양성분
② 영양섭취량(1인 1일당 영양섭취량)은 모든 섭취 내용을 각각의 식품별 섭취 중량으로 전환한 후에 영양성분 DB를 이용하여 에너지 및 영양소 섭취량을 산출한다.
  • 식품별 섭취량(g) = 섭취 부피(㎖) / 조리 총부피(㎖) × 식품별 재료량(g)
③ 국가차원에서의 활용은 식품수급 정책의 기술자료, 식품 소비 형태 변화에 대한 예측, 국민영양 및 식생활 개선을 위한 연구자료로 이용할 수 있으며, 식품공급량의 국제비교가 가능하고 국민영양조사를 실시하지 못한 경우 식품수급표를 이용하여 간접적으로 영양상태를 평가할 수 있다.

✎ 해설

① 식품수급표는 일정기간 한 국가에서 소비한 식품의 양을 간접적으로 조사하여 국민에게 공급되는 식품의 수급상황과 1인 1일당 식품공급량 및 영양공급량을 제시해 주는 자료임
② 식품수급표를 인구 집단의 영양판정 지표로 활용하기에는 적합하지 않은데 그 이유는 1일 1일당 영양공급량은 실제 영양섭취량과는 차이가 있음. 즉 취사, 조리, 폐기 등의 과정을 통해 유실되는 식품의 양과 국가 내에서 일어나는 식품의 분배와 개인 간의 차이는 고려되지 않았기 때문임
③ 1인 1년당 공급량 : 품목별 순식용 공급량 ÷ 조사년도의 인구
④ 1인 1일당 식품공급량 : 1인 1년당 공급량 ÷ 365

3. 다음은 여고생 경희와 영양교사의 대화 내용이다. 괄호 안의 ㉠에 해당하는 비타민의 명칭을 쓰고 ㉡에 공통으로 해당하는 이 비타민의 영양상태 판정지표를 쓰시오. [2점]

경　　희 : 선생님, 제가 요즈음 체중이 많이 늘어나서 고민이에요. 매일 실내에 앉아서 하루 종일 공부만 하고, 입시에 대한 스트레스 때문에 피자나 햄버거를 많이 먹고 있어요.

영 양 교 사 : 그럼, 체성분 분석기로 체질량지수와 체지방률을 알아보자. 체질량지수는 28이고, 체지방률도 39%로 나오네. 둘 다 높은 수치구나.

경　　희 : 어머, 정말이에요? 요즈음 감기도 자주 걸리는 것 같아요.

영 양 교 사 : (㉠) 영양상태가 불량하면 면역력도 떨어질 수 있으니, 병원에서 혈중(㉡) 농도를 검사해 보면 어떻겠니? 체지방 증가로 비만이 되어도 혈중 (㉡) 농도가 떨어질 수도 있어.

정답

㉠ 비타민 D　㉡ 혈청 25-hydroxy vitamin D(25-OH-D) 농도(ng/㎖)

해설

① 비타민 D의 기능은 골밀도 증가, 혈중 칼슘 농도의 항상성 유지, 정상적인 세포 분화와 증식 및 성장, 심혈관계질환의 예방, 자가면역질환의 조절, 암세포의 성장과 증식을 억제, 췌장의 β세포 기능을 개선하여 인슐린 합성과 분비에 영향을 주어 당뇨 위험이 높은 사람들의 혈당 조절을 개선함

② 2020년 한국인 영양소 섭취기준 15~18세 여자 비타민 D의 충분섭취량 10 ㎍/일

③ 혈청 25-hydroxy vitamin D(25-OH-D) 농도(ng/ ㎖) : 결핍 ≤ 10, 불충분 11~19, 충분 ≥ 20

6. 다음은 환자를 대상으로 전문적인 영양서비스를 제공하기 위하여 표준화된 절차이다. 체계적인 문제 해결 방법과 근거 중심의 업무 수행을 특징을 하는 이 모델의 명칭과 ( ) 안에 들어갈 내용을 순서대로 쓰시오. [2점]

> 1단계 영양문제와 그 원인을 파악하기 위하여 자료를 수집하고 해석한다.
>
> 2단계 영양문제, 원인, 징후 및 증상을 ( )의 형식으로 작성한다.
>
> 3단계 영양문제의 운선 순위를 정하여 영양중재를 계획하고 시행한다.
>
> 4단계 영양중재의 진척 및 목표 달성 정도를 모니터링하고 평가한다.

✎ 정답

NCP 모델, PES 문

✎ 해설

① NCP 모델의 4단계
  - Nutrition Assessment
  - Nutrition Diagnosis
  - Nutrition Intervention
  - Nutrition Monitoring and Evaluation
② 영양진단(Nutrition Diagnosis)은 영양사가 독립적으로 치료할 책임이 있는 영양 문제의 규명 및 명명, 분류하는 과정
③ 영양진단의 구성요소
  - 문제(problem) : 영양문제는 섭취영역, 임상영역, 행동-환경영역의 3개 영역으로 구성됨
  - 병인(etiology) : 영양문제를 일으키는 가장 근본적인 이유
  - 징후/증상(signs/symptom) : 모니터링의 자료가 되며 가능한 수치화, 계량화 할 수 있는 자료를 선택해야 중재과정 이후의 변화 및 효과를 측정할 수 있음
④ 영양진단문 작성(PES 문)
  영양문제, 원인, 징후 및 증상을 PES 문의 형식으로 작성함

10. 다음은 체중과 신장이 비슷한 55세 남자 A 씨와 B 씨의 건강검진 결과의 일부이다. 자료를 근거로 〈작성 방법〉에 따라 A 씨와 B 씨의 심혈관질환 위험도를 비교하여 서술하시오. [4점]

검사 항목	피검자 A	B
총 콜레스테롤(mg/dL)	245	245
HDL-콜레스테롤(mg/dL)	70	35
중성지방(mg/dL)	200	200

〈작성 방법〉

○ A 씨와 B 씨의 LDL-콜레스테롤 수치를 계산 과정과 함께 제시할 것
○ HDL과 LDL의 콜레스테롤 운반 측면을 서술할 것
○ A 씨와 B 씨의 혈중 HDL-콜레스테롤과 LDL-콜레스테롤 상태를 판정하고 심혈관질환 위험도를 비교할 것

✎ **정답**

① A 씨 : 245 - 70 - (200/5) = 135
B 씨 : 245 - 35 - (200/5) = 170
② HDL-콜레스테롤은 레시틴-콜레스테롤 아실 전이효소(lecithin cholesterolacyl transferase, LCAT)의 작용으로 조직의 유리형 콜레스테롤을 에스테르화시켜 간으로 운반하고, LDL-콜레스테롤은 세포막에 있는 LDL수용체를 통해 세포내로 함입된 후 아포단백질 B100 수용체와 분리되어 라이소좀(lysosome)에서 콜레스테롤 에스테르를 분해시켜 콜레스테롤을 조직으로 운반한다.
③ A 씨는 LDL-콜레스테롤이 135 ㎎/dL로 경계선이나 HDL-콜레스테롤이 70 ㎎/dL로 높기 때문에 심혈관 질환의 위험도는 낮은 반면에 B 씨는 LDL-콜레스테롤이 170 ㎎/dL, HDL-콜레스테롤이 40 ㎎/dL 이하로 낮은 수준이므로 심혈관발생위험률이 높기 때문에 식사요법과 운동요법을 병행해야 한다.

✏️ 해설

① LDL-콜레스테롤 = 총 콜레스테롤 - HDL콜레스테롤 - (중성지방 / 5) 또는 총 콜레스테롤 - HDL 콜레스테롤 - (중성지방 × 0.2)

② 2015년 한국인의 이상지질혈증 진단 기준과 비교할 때 A씨와 B씨 모두 총 콜레스테롤과 중성지질이 높음

한국인의 이상지질혈증 진단기준(2015년 개정)

분류	단위(mg/dL)
총 콜레스테롤	
높음	≥ 240
경계치	200~239
적정	< 200
중성지방	
매우 높음	≥ 500
높음	200~499
경계치	150~199
적정	< 150
HDL-콜레스테롤	
높음	≥ 60
낮음	< 40
LDL-콜레스테롤	
매우 높음	≥ 190
높음	160~189
경계치	130~159
정상	100~129
적정	< 100

출처 : 이상지질혈증 임상진료지침 제정위원회, 2015.

7. 다음은 근육량을 평가하기 위한 상완근육면적 계산 보정식이다. ㉠, ㉡에 해당하는 신체계측치의 명칭을 순서대로 쓰시오. 그리고 근육량을 평가하기 위한 생화학적 판정 지표 1가지를 제시하고, 제시한 생화학적 판정 지표로 근육량을 평가할 수 있는 이유를 서술하시오. [5점]

> ○ 남자 : 보정한 상완근육면적(㎠) = $\dfrac{(㉠-\pi\times㉡)^2}{4\pi}$ −10.0
>
> ○ 여자 : 보정한 상완근육면적(㎠) = $\dfrac{(㉠-\pi\times㉡)^2}{4\pi}$ −6.5

🖊 정답

① ㉠ 상완둘레　㉡ 삼두근피부두겹두께
② 크레아티닌(Creatinine) 배설량
③ 이유는 크레아티닌은 근육에 존재하는 크레아티닌인산의 대사산물로 매일 크레아티닌인산의 약 2%가 크레아티닌으로 전환된다. 그러므로 24시간 동안 소변으로 배설되는 크레아티닌의 함량을 조사하면 근육량을 알 수 있다.

🖊 해설

① 신체조성을 판정하기 위한 신체계측은 인체가 지방조직(fat)과 제지방조직(lean body mass)으로 구성되어 있다는 데에 근거한 것임. 영양상태 판정에서 제지방조직량은 체단백질의 보유상태를 알 수 있는 지표가 되고, 체지방량은 열량섭취의 과소를 평가할 수 있는 지표가 됨
② 제지방량 측정을 위한 체위계측에는 상완근육둘레(Mid-upper arm muscle circumference, MAMC), 상완근육면적(arm muscle area, AMA)이 있음. 이들 지표는 상완둘레와 삼두근 피부두겹두께(triceps skinfold thickness, TSF)에 의해 구함
③ 근육단백질(체단백질)의 영양상태를 판정하는 생화학적 지표는 크레아티닌(Creatinine) 배설량, 크레아티닌 신장지수(Creatinine Height Index), 3-메틸히스티딘 배설량이 있음

3과목 영양판정

2018년도 기출문제 A형

13. 다음은 철 영양판정 지표인 트랜스페린 포화도를 구하는 식이다. 철 영양판정에 관한 내용을 〈작성 방법〉에 따라 서술하시오. [4점]

$$\text{트랜스페린 포화도}(\%) = \frac{\text{혈청 철}(\mu mol/dL)}{(\qquad\qquad)} \times 100$$

〈작성 방법〉

○ ( ) 안에 들어갈 트랜스페린 양을 간접적으로 측정하는 지표의 명칭과 측정 방법을 제시할 것

○ 트랜스페린 포화도가 감소하기 시작하는 철 결핍 단계를 제시할 것

○ 철이 아닌 다른 영양소의 영양상태가 부적절하기 때문에 트랜스페린 포화도를 철 영양판정 지표로 사용하기 어려운 경우와 그 이유를 서술할 것

정답

① 총철결합력(total iron binding capacity), 총 철 결합력은 트랜스페린이 수용할 수 있는 철의 총량을 말하는 것으로 혈액 내 트랜스페린의 양을 반영하며, 총 철결합력(TIBC)의 정상은 300 ± 30, 철 고갈은 360, 철결핍성 빈혈은 410, 철과잉은 300미만으로, 철 결핍시에는 이 수치가 증가한다.

② 2단계 철 결핍

③ 비타민 B_{12}, 엽산 결핍에 의해 조혈작용이 감소하면 혈청 철은 정상 혹은 그 이상이 되고 트랜스페린 포화도가 높아질 수 있기 때문이다.

해설

① 트랜스페린은 혈액 내에서 철을 운반하는 단백질로 트랜스페린 포화도(%)는 혈청 철을 총철결합력으로 나눈 값의 백분율로 정상 35%, 부족 15% 이하, 60% 이상이면 과잉임

② 철 결핍 단계

• 1단계는 간의 철 저장량이 점차로 감소하는 단계로 혈청 페리틴만 감소함

• 2단계는 간의 저장량이 고갈, 적혈구 신생을 위한 혈장 철 공급이 점차 감소하므로 적혈구 프로토포르피린 증가하고 트랜스페린 포화도가 감소함

• 3단계는 철 저장량과 순환량이 모두 감소하여 저색소성 소적혈구성 빈혈이 나타나는 단계로 헤모글로빈(Hb) 감소, 헤마토크리트(Hct) 감소, MCV, MCH, MCHC가 감소함

4. 다음은 푸른여자중학교 2학년의 〈식사섭취조사 결과〉와 12~14세 여자의 〈비타민 A 섭취기준〉이다. 자료를 근거로 〈작성 방법〉에 따라 서술하시오. [4점]

〈식사섭취조사 결과〉

조사 대상: 푸른여자중학교 2학년 200명(12.9±0.3세)

조사 기간: 1일

조사 방법: 24시간 회상법

조사 결과: 비타민 A 섭취량 470±90 μg RAE

··· (하략) ···

※ 이 조사 결과 푸른여자중학교 2학년 이경미(13세)의 비타민 A 섭취량은 470 μg RAE이었다.

〈비타민 A 섭취기준〉

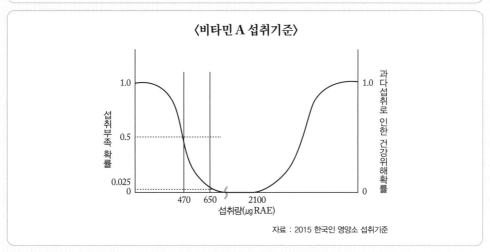

자료 : 2015 한국인 영양소 섭취기준

〈작성 방법〉

○ 제시된 〈비타민 A 섭취기준〉에 근거하여 푸른여자중학교 2학년 200명의 비타민 A 섭취의 적절성을 평가하고, 평가 결과를 확률로 제시할 것(단, 조사 대상자 200명의 섭취량은 정규분포를 따른다고 가정할 것)

○ 밑줄 친 이경미 학생의 비타민 A 섭취의 적절성을 평가하기에 불충분한 이유를 자료에서 찾고, 이를 보완할 수 있는 식사조사방법 2가지를 제안할 것

✏️ **정답**

---

① 비타민 A의 영양섭취 부족 위험률은 2~50%이다.

② 개인의 평소 영양소 섭취수준을 파악하기 위해서는 적어도 비연속 2일이나 3일 동안의 식품섭취량을 조사하여 영양소 섭취량을 계산하는 것이 바람직하고, 식사기록법이나 정량적 식품섭취빈도법을 이용하여 조사한다.

✏️ **해설**

---

① 2020 한국인 영양소 섭취기준에서 12~14세 여자 비타민 A의 평균필요량은 480 ㎍ RAE, 권장섭취량은 650 ㎍ RAE, 상한섭취량은 2,300 ㎍ RAE임

② 집단의 식사 평가
  - 평균필요량을 사용하는 경우는 영양섭취 부족인 사람들의 비율을 구함
  - 상한섭취량을 사용하는 경우는 과잉섭취 위험인 사람들의 비율을 구함

2019년도 기출문제 A형

7. 다음은 엽산의 생화학적 영양판정에 대한 내용이다. 괄호 안의 ㉠, ㉡에 해당하는 명칭을 순서대로 쓰시오. [2점]

> 간의 엽산 저장량을 반영하는 (㉠)의 엽산 농도는 엽산의 영양상태를 판정하는 지표로 주로 활용된다. 그러나 엽산 결핍증을 정확하게 판정하기 위해서는 (㉠)의 엽산 농도와 혈청의 (㉡) 농도를 동시에 측정하는 것이 바람직하다. 식물성 식품에는 거의 들어있지 않는 (㉡)이/가 결핍되는 경우에도 (㉠)의 엽산 농도가 영향을 받을 수 있기 때문이다.

✏️ **정답**

㉠ 적혈구 ㉡ 비타민 B_{12}

✏️ **해설**

---

① 혈청 엽산 농도는 단기간의 식이 섭취량을 반영

② 적혈구 엽산 농도는 간의 엽산 저장고를 잘 반영하고, 엽산 영양상태 판정에 대한 가장 좋은 지표임

12. 다음은 2가지 질환을 진단 받은 51세 성인 남성의 검진 자료의 일부이다. 〈작성 방법〉에 따라 서술하시오. [4점]

〈검진 자료〉

(가) 신체계측 결과

· BMI : 27 kg/m²

(나) 생화학적 검사 결과

· 혈중 중성지방 : 145 mg/dL

· 혈중 총 콜레스테롤 : 195 mg/dL

· 혈중 LDL 콜레스테롤 : 121 mg/dL

· 혈중 HDL 콜레스테롤 : 45 mg/dL

· 당화혈색소 : 6.7%

〈작성 방법〉

○ 자료 (가)와 (나)의 요인 중에서 이 남성이 진단받은 2가지 질환의 근거 요인을 각각 제시할 것

○ 각 요인과 관련된 질환명을 진단 기준치를 포함하여 서술할 것

✎ **정답**

① 비만, 당뇨병

② 대한비만학회(2000)의 체질량지수 판정기준에서 25 이상을 비만으로 판정하고, 대한당뇨학회에서 당화혈색소는 6.5% 이상이면 당뇨병으로 진단한다.

🖋 해설

◆ 체질량지수(BMI)에 의한 성인의 비만 판정

BMI[1](kg/m²)	구분	BMI[2](kg/m²)	구분
18.5~24.9	정상	18.5~22.9	정상
25.0~29.9	과체중	23.0~24.9	과체중
30.0~34.9	경도비만	25.0~29.9	경도비만
35.0~39.9	중등도비만	30.0~34.9	중등도비만
≥ 40	고도비만	≥ 35	고도비만

[1] WHO, 1998   [2] 대한비만학회, 2000

◆ 당뇨병의 진단 기준

		공복시 혈당[1]	당부하 후 2시간 혈당[2]	당화 헤모글로빈
정상		<100 mg/dL	< 140 mg/dL	-
당뇨병의 고위험군	공복혈당장애	100~125 mg/dL	-	-
	내당능장애	-	140~199 mg/dL	5.6~6.4%
당뇨병[3]		≥126 mg/dL	≥200 mg/dL	≥6.5%

[1] 공복혈당 : 8시간 이상 금식 후 측정한 혈당

[2] 75g 경구 포도당부하 2시간 후 측정한 방법

[3] 공복혈당과 당부하 후 2시간 혈당 조건 외에 고혈당 증상(다뇨, 다음, 원인을 알수 없는 체중 감소 등)이 있고 임의 혈당 (식사시간과 무관하게 낮에 측정한 혈당) ≥200 mg/dL 인 경우도 당뇨병으로 진단함

7. 다음은 아연의 생화학적 영양판정에 관한 내용이다. 〈작성 방법〉에 따라 서술하시오. [4점]

> 아연의 영양상태를 판정하기 위하여 혈청아연 농도, 메탈로티오네인 농도, ㉠ 머리카락 아연 농도, 소변 아연 농도 등을 사용할 수 있다. 그러나 혈청아연 농도는 ㉡ 아연이 약간 결핍되거나 ㉢ 스트레스, 염증, 감염 등의 급성 자극이 있을 경우 아연 영양판정에 적합한 지표가 아니다.

〈작성 방법〉

○ 밑줄 친 ㉠을 아연의 영양판정 지표로 사용할 때 장점과 주의할 점을 각각 1가지씩 제시할 것
○ 밑줄 친 ㉡ 경우 혈청 아연 농도가 아연 영양판정에 적합한 지표가 아닌 이유 1가지를 제시할 것
○ 밑줄 친 ㉢에 의하여 혈청 아연 농도가 어떻게 변하는지 제시할 것

정답

① 장점은 머리카락은 천천히 성장하므로 장기간의 아연 영양상태를 판정할 수 있고, 주의할 점은 외부물질에 의한 오염가능성이 크므로 측정 시에 세심한 주의가 필요하다.
② 혈청 아연 농도는 일정한 수준을 유지하는 항상성 기전이 있으므로 아연의 초기 결핍 정도를 판정하기에 좋은 지표는 아니다. 즉, 혈청 아연의 농도는 심한 아연 결핍상태에서만 그 농도가 감소하기 때문이다.
③ 감소한다.

해설

① 아연은 섭취량이 부족하면 흡수율을 증가시키고 대변을 통한 배설량이나 땀, 소변, 소화기관을 통한 아연의 손실량을 감소시켜 적당량의 아연을 인체가 보유하는 적응 기전이 있음
② 스트레스, 감염, 염증반응, 피임약이나 에스트로겐 복용 등에 의해 혈청 아연의 농도가 감소되는 반면, 공복이나 적혈구 파괴 등에 의해서 아연의 농도가 증가함

2020년도 기출문제 B형

7. 다음은 국민건강영양조사 중 영양조사에 관한 내용이다. 〈작성방법〉에 따라 서술하시오. [4점]

- (가)는 만 1세 이상 가구 구성원 모두를 대상으로 식품섭취조사를 수행할 때 사용하는 조사표의 일부이다.
- (나)는 가구 구성원 중 일부를 대상으로 식품섭취조사를 수행할 때 사용하는 조사표의 일부이다.

(가)

식사구분	식사시간	식사장소	매식여부	타인동반여부	음식명	조리총량			음식섭취량			식품재료명(상품명)	가공여부
						눈대중분량	부피	중량	눈대중분량	부피	중량		

(나)

식사구분	음식명	조리총량			식품재료명(상품명)	가공여부	식품상태	식품재료명		
		눈대중분량	부피	중량				눈대중분량	부피	중량

(다)

1. 다음 중 최근 1년 동안 귀댁의 식생활 형편을 가장 잘 나타낸 것은 어느 것입니까?
    ① 우리 가족 모두가 원하는 만큼의 충분한 양과 다양한 종류의 음식을 먹을 수 있었다.
    ② 우리 가족 모두가 충분한 양의 음식을 먹을 수 있었으나, 다양한 종류의 음식은 먹지 못했다.
    ③ 경제적으로 어려워서 가끔 먹을 것이 부족했다.
    ④ 경제적으로 어려워서 자주 먹을 것이 부족했다.

〈작성 방법〉

ㅇ (가)를 사용하여 수행하는 식품섭취조사방법을 제시할 것
ㅇ (나)의 조사 대상자를 제시하고, 조사내용을 바탕으로 파악할 수 있는 정보를 제시할 것
ㅇ (다) 문항을 사용하는 조사항목의 명칭을 제시할 것

✎ 정답

① (가) 24시간 회상법
② (나) 조리자, 가구 내에서 조리한 음식에 대한 음식별 식품 재료량을 파악할 수 있다.
③ (다) 식품안정성조사

✎ 해설

① 국민건강영양조사의 목표 모집단은 대한민국에 거주하는 국민이다. 각 연도별 표본추출 틀의 조사구 및 가구를 각각 1, 2차 추출단위로 하는 2단계 층화집락표본추출방법을 사용하여 조사대상을 선정함
② 조사내용은 건강설문조사, 영양조사, 검진조사로 구성

◆ 영양조사 항목

제8기 1차년도(2019) 조사 기준

구분	조사항목	조사대상자
식생활조사	- 끼니별 식사빈도 - 외식빈도 - 끼니별 동반식사 여부 및 동반대상 - 채소·과일 섭취빈도 - 식이보충제 복용 경험 여부 - 현재 복용중인 식이보충제	만 1세 이상
	- 영양교육 및 상담 수혜 여부 - 영양표시 인지 및 이용 여부, 영양표시 관심 영양소, 영양표시 영향 여부 - 음료별 섭취 빈도	초등학생 이상
	- 음료 섭취빈도 및 1회 섭취량	만 6~29세
	- 모유 수유여부, 수유기간, - 조제분유 수유 여부, 수유기간 - 이유보충식, 시판우유 섭취 시작 시기 - 영아기 영양제 복용 여부 및 복용 영양제 종류	만 1~3세
식품섭취조사	- 조사1일전 섭취 음식의 종류 및 섭취량(24시간회상법)	만 1세 이상
	- 조사1일전 가구에서 섭취한 음식에 대한 조리내용	조리자
식품안정성 조사	- 가구별 식품안정성 확보 여부	식품구매자

출처 : 보건복지부·질병관리청. 국민건강영양조사

2021년도 기출문제 A형

3. 다음은 영양판정 체계에 관한 내용이다. 괄호 안의 ㉠, ㉡에 해당하는 용어를 순서대로 쓰시오. [4점]

> (㉠)은/는 인구 집단을 대상으로 영양 상태를 횡단적으로 조사하여, 만성적인 영양 문제를 파악하고 영양 취약 집단을 분류하는 데 유용한 방법으로 영양 개선을 위한 정책의 기초 자료로 활용될 수 있다. 반면에 (㉡)은/는 선정된 특정 인구 집단의 영양 상태를 종단적으로 일정 기간 조사하는 방법으로 그 결과는 영양중재 프로그램과 연계될 수 있다.

 정답

㉠ 영양조사 ㉡ 영양감시

 해설

영양판정 체계

① 영양스크리닝 -> 영양조사 -> 영양모니터링이나 영양감시체계

② 영양위험이 높은 개인에게 적용될 경우에는 영양감시 체계라는 용어보다 영양모니터링이라는 용어가 사용됨

8. 다음은 영양판정 지표인 크레아티닌-신장 지표(creatinine-heightindex)에 관한 내용이다. 〈작성 방법〉에 따라 서술하시오. [4점]

> 크레아티닌-신장 지표는 24시간 동안 수집한 대상자의 뇨 중 ㉠ 크레아티닌 배설량을 동일한 성별과 신장에 따른 기준치와 비교한 값이다. 장기간 영양 불량 상태일 때 신장은 비교적 일정하게 유지되는 반면, 크레아티닌 배설량은 감소하므로 크레아티닌-신장 지표는 낮아진다. 그러나 이 지표는 콩팥의 기능이 정상적일 경우에 적용이 가능하며, 연령과 운동에 의해서도 영향을 받을 수 있으므로 ㉡ 해석에 주의해야 한다.

〈작성 방법〉

○ 밑줄 친 ㉠을 통하여 평가할 수 있는 영양 상태와 그 근거를 각각 제시할 것
○ 밑줄 친 ㉡의 이유를 연령과 운동의 측면에서 각각 1가지씩 제시할 것

정답

① ㉠을 통해 근육 단백질(근육량)을 평가할 수 있고, 그 근거는 크레아티닌은 근육에 존재하는 크레아티닌 인산의 대사산물로 총근육량에 비례하므로 매일 크레아티닌인산의 약 2%가 크레아티닌으로 전환되어 소변내 배설량이 일정하기 때문이다.
② ㉡의 이유는 크레아티닌 배설량은 연령이 증가하면 감소하고, 격심한 운동을 할 때에는 증가하기 때문에 해석에 주의해야 한다.

해설

① 근육 단백질의 생화학적 평가지표
  - 요 크레아티닌 배설량
  - 크레아티닌 신장지수(Creatinine Height Index, CHI)
  - 3-메틸히스티딘 배설량
② 크레아틴은 신장에서 아르기닌, 글리신, 메티오닌 등에 의혜 합성되며, 근육으로 운반되어 크레아틴인산의 형태로 저장됨
  - 크레아티닌인산은 근육에 존재하는 단백질과 일정한 상관관계를 가지고 있음
  - 정상 성인의 체중당 크레아티닌 배설량 : 남자 23 mg/kg 체중, 여자 18 mg/kg 체중

5. 다음은 비타민 B_6의 영양상태를 평가하는 생화학적 분석에 관한 내용이다. 〈작성 방법〉에 따라 서술하시오. [4점]

> 비타민 B_6의 영양상태를 평가하는 방법은 ㉠ 혈장, ㉡ 적혈구, 소변 등에서 비타민 B6의 영양지표를 직접적으로 측정하는 방법과 ㉢ 트립토판 부하검사, 메티오닌 부하검사 등과 같이 기능을 간접적으로 측정하는 방법이 있다. 비타민 B_6의 영양상태는 단백질 섭취량의 영향을 받기 쉬우므로 측정 결과의 해석에 주의를 해야 한다.

〈작성 방법〉

○ 밑줄 친 ㉠, ㉡에서 공통적으로 측정할 수 있는 대표적 조효소의 명칭을 쓰고, 이를 ㉡에서 측정할 때의 장점을 서술할 것
○ 비타민 B_6가 부족한 경우 밑줄 친 ㉢을 통하여 소변으로 배설되는 생성물을 쓰고, 그 생성물이 배설되는 원리를 서술할 것

🖊 **정답**

---

① PLP(pyridoxal 5-phosphate), 장점은 적혈구의 PLP는 헤모글로빈과 강하게 결합되어 있고 비타민 B_6의 장기적인 영양상태와 저장상태를 잘 반영한다.

② 크산튜렌산(xanthurenic acid, 잔투렌산), 트립토판이 니코틴산(니아신)으로 전환되는 과정에서 PLP를 의존효소로 이용한다. 이때 비타민 B_6가 부족한 경우, 니코틴산으로 전환되지 못하고 중간 대사산물인 크산튜렌산으로 축적되어 요로 배설된다.

✏ **해설**

1. 혈장 PLP
   ① 총 비타민 B_6 중 70~90%가 혈장 PLP로 존재하고, 혈장에서의 주된 운반 형태이므로 혈장 PLP 농도는 체내 저장고를 반영하는 좋은 지표임
   ② 비타민 B_6의 섭취가 증가하면 혈장 PLP는 증가하고, 단백질 섭취가 증가할수록 혈장 PLP는 감소함

2. 적혈구 PLP
   ① 최근의 최근의 섭취량보다는 장기적인 영양상태를 반영하는 지표로 이용됨
   ② 한계점 : 적혈구가 체조직 전체를 대표하지는 못함

3. 트립토판 부하검사
   ① 2g의 트립토판을 경구로 투여한 후 24시간 후에 요의 크산튜렌산 함량을 측정함
   ② 정상 : 30~40 μmol/일, 결핍 : 65 μmol/일 이상
   ③ 요의 크산튜렌산은 식사요인 이외에 단백질 섭취, 운동, 체근육, 투여한 트립토판의 양, 에스트로겐과 경구피임약의 사용, 임신 등의 요인에 의해 배설량이 달라짐

5. 다음은 1일 식사를 영양소 섭취량으로 계산한 후 2020 한국인 영양소 섭취기준에 적용하여 평가한 결과이다. 〈작성 방법〉에 따라 서술하시오. [4점]

ID	00178	이름	○○○	성별	여성	연령(만)	16세
신장		162cm		체중	57kg	활동 정도	중

<1일 영양소 섭취량 평가>

	1일 섭취량	평균 필요량	권장 섭취량	충분 섭취량	상한 섭취량	(㉠)	평가 및 권고 사항
에너지 (kcal)	2,000	2,000*					- 현재 섭취 에너지는 적절함.
탄수화물 (g)	230	100	130				- 총에너지 섭취량의 (㉡) %를 섭취함. - (㉢)
비타민 C (mg)	36	80	100		1,600		- 평균필요량보다 적게 섭취하고 있어 부족할 확률이 높음.
나트륨 (mg)	4,716			1,500		2,300	- (㉠)의 2배 이상 섭취하고 있어 조절이 필요함.

*에너지 필요추정량

보건복지부한국영양학회(2020), 2020 한국인 영양소 섭취기준

〈작성 방법〉

○ 괄호 안의 ㉠에 해당하는 용어를 쓰고, 이를 설정하기 위한 조건을 서술할 것
○ 괄호 안의 ㉡에 들어갈 비율을 계산하여 쓰고, 에너지적정섭취비율을 기준으로 괄호 안의 ㉢에 들어갈 권고 사항을 서술할 것

정답

---

① ㉠　만성질환위험감소섭취량, 건강한 인구집단에서 만성질환의 위험을 감소시킬 수 있는 영양소의 최저 수준의 섭취량이다. 이 기준치보다 높게 섭취할 경우 전반적으로 섭취량을 줄이면 만성질환 위험을 감소시킬 수 있다는 근거로 도출된 섭취기준을 의미한다.

② ㉡ 230 × 4 ÷ 2,000 × 100 = 46%

　　㉢ 탄수화물을 55~65%로 높인다.

해설

---

1. 2020 한국인 영양소 섭취기준의 지표
   ① 섭취부족의 예방을 목적으로 하는 3가지 지표 : 평균필요량(Estimated Average Requirement, EAR), 권장섭취량(Recommended Nutrient Intake, RNI), 충분섭취량(Adequate Intake, AI)
   ② 과잉섭취로 인한 건강문제 예방을 위한 지표 : 상한섭취량(Tolerable Upper Intake Level, UL), 만성질환위험감소섭취량(Chronic Disease Risk Reduction intake, CDRR)
2. 2020 한국인 영양소 섭취기준 : 에너지적정비율(%)
   ① 탄수화물 55~65%
   ② 단백질 7~20%
   ③ 지방 : 15~30%(1~2세 20~35%)

3과목　영양판정

제 4 과목

식사요법

6. 다음 식단으로 제공되는 단백질과 지방의 양을 식품교환표를 이용하여 계산하고 순서대로 쓰시오(식사계획을 위한 식품교환표 **2010** 적용). [2점]

식단	재료 및 분량
보리밥	백미 80 g, 보리 10 g
미역국	미역(생것) 70 g, 참기름 2.5 g
제육볶음	삼겹살 40 g, 양파 15 g, 양배추 20 g
호박나물	애호박 35 g, 들기름 2.5 g
배추김치	배추김치 50 g

✎ 정답

단백질 20 g, 지방 13 g

✎ 해설

① 곡류군 : 3교환(백미 80 g, 보리 10 g)

② 채소군 : 3교환(미역 1교환, 배추김치 1교환, 1교환(양파 15 g, 양배추 20 g, 애호박 35 g의 합이 70 g 이므로 1교환임)

③ 지방군 : 1교환(들기름 2.5 g, 참기름 2.5 g의 합이 5 g 이므로 1교환임)

④ 고지방 어육류군 : 1교환(삼겹살 40 g)

3. 회사원 A 씨(남, 45세)는 최근 발가락 관절이 붓고 심하게 아파서 병원에서 혈액 검사를 받았다. 다음의 검사 결과에서 정상범위를 벗어난 분석 항목 2가지를 쓰고, 각각에 대하여 적절한 영양 관리 방안을 2가지씩 서술하시오(단, A 씨는 검사 전까지 질병 치료 목적으로 약을 복용하지는 않았음). [4점]

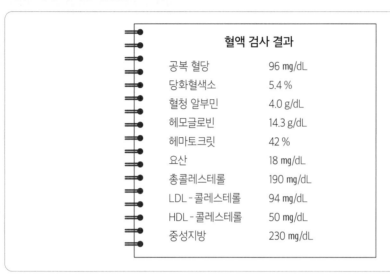

혈액 검사 결과

공복 혈당	96 mg/dL
당화혈색소	5.4 %
혈청 알부민	4.0 g/dL
헤모글로빈	14.3 g/dL
헤마토크릿	42 %
요산	18 mg/dL
총콜레스테롤	190 mg/dL
LDL - 콜레스테롤	94 mg/dL
HDL - 콜레스테롤	50 mg/dL
중성지방	230 mg/dL

🖋 정답

① 요산, 중성지방

② 통풍은 체내 퓨린체(purine)의 대사이상으로 혈액의 요산(uric acid)이 축적되어 관절에 염증을 일으키는 질환으로 영양관리는 퓨린 함량이 높은 내장육, 생선류(청어, 고등어, 정어리, 연어, 멸치, 육즙, 효모, 베이컨, 가리비 조기 등)을 제한하고, 단백질을 체중 kg당 1~1.2 g, 우유와 달걀이 고단백이면서 퓨린 함량이 적어 안전한 단백질 급원이다. 또한 혈중 요산 농도 희석 및 요산 배설을 촉진하여 결석 형성을 억제하기 위해 다량의 수분을 공급한다.

③ 이상지질혈증인 중성지방의 혈중 농도를 감소시키려면 총 열량과 당질의 섭취를 줄이고, 특히 단순당과 알코올(혈중 중성지방이 250 mg/dL 이상인 경우)을 제한한다. 또한 생선에 다량 함유된 n-3계 불포화지방산은 혈중 중성지방 농도를 낮출 뿐 아니라 혈소판 응집과 혈전 생성을 감소시키므로 자주 섭취한다.

✏️ **해설**

① 정상인의 혈중 요산 농도 3~6 mg/dL

② 혈청 중성지방의 적정 농도는 < 150 mg/dL

③ 고중성지방혈증은 에너지는 정상체중을 유지하는 범위로, 과체중이거나 비만상태이면 체중조절이 필요함

2015년도 기출문제 A형 / 기입형

9. 만성콩팥병(만성신부전) 환자 A군(19세, 신장 **170 cm**, 체중 **63 kg**)이 투석 방법을 바꾼 후 식사요법도 바뀌었다. 다음에 제시된 A군의 '이전 식단(예)'과 '현재 식단(예)'을 바탕으로 식사요법에서 섭취량이 가장 크게 변화된 무기질을 쓰고, A군의 현재 투석 방법을 유추하여 쓰시오. [2점]

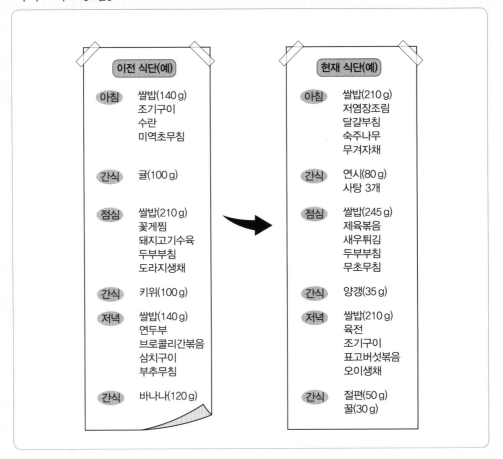

✏ **정답**

K(칼륨), 혈액투석

✏ **해설**

① 혈액투석의 식사요법은 투석으로 손실되는 아미노산을 보충하기 위해 단백질 요구량이 증가하고 (1.2 g/kg), 열량은 충분히 섭취하며, 나트륨과 수분, 칼륨은 제한함

② 복막투석의 식사요법은 혈액투석에 비해 자유롭지만, 투석액을 통한 포도당 때문에 열량섭취량을 제한해야 함

③ 열량보충군 : 설탕, 꿀, 녹말가루, 당면, 사탕, 잼, 물엿

④ 칼륨 함량이 많은 식품
- 제3군 채소: 아욱, 물미역, 근대, 미나리, 조선부추, 쑥갓, 시금치, 취, 단호박, 양송이
- 제3군 과일: 키위, 바나나, 참외, 토마토

1. 다음은 고도비만인 중학교 남학생 A와 B의 체중 조절 내용이다. 두 학생은 3일간 금식한 후 〈보기〉와 같이 에너지 제한 식사를 하여 4주간 5 kg 정도 감량하였다. 금식하는 3일 동안 두 사람에게 일어난, 에너지를 공급하는 대사의 변화 3가지를 서술하시오. 또한 금식 후 에너지 제한 식사를 하는 동안 두 학생 중 누구의 식사가 대사에 더 바람직하였는지 쓰고, 그 이유를 설명하시오. 만약 이 학생들이 체중 감량을 위하여 위절제수술을 받는다면 수술 후에 수분 섭취와 관련하여 주의하여야 할 사항을 3가지만 서술하시오. [10점]

〈보기〉

A의 식사 내용(예)
아침: 쌀죽 반 공기 바나나 1개
점심: 우유 1컵
저녁: 단백질 파우더 80 g 오이 1개 찐 감자 1개 롤빵 1개

B의 식사 내용(예)
아침: 쌀죽 반 공기 바나나 1개
점심: 우유 1컵
저녁: 단백질 파우더 80 g 오이 1개 올리브 오일 20 g

✏️ **정답**

① 금식하는 3일 동안 에너지를 공급하는 3가지 대사의 변화는 첫째, 단식 등으로 혈액 내 포도당 농도가 저하되면 체조직의 단백질이 분해되면서 아미노산이 포도당 신생합성에 쓰이고 둘째, 체지방의 분해가 증가되면, 옥살로아세트산이 급격히 감소하여 TCA 회로를 통한 대사가 감소하면 지방 분해에 의해 생성된 아세틸 CoA는 케톤체(ketone body)을 합성한다. 셋째, 생성된 케톤체는 심장, 신장, 근육, 뇌 등에 에너지원으로 쓰여 체단백질을 보호하며, 아세틸 CoA에서 탈락된 CoA는 β-산화를 지속시키는 작용을 해 지속적으로 에너지가 공급되도록 한다.

② B보다는 A의 식사가 이상적이다. 이유는 B의 저당질 고지방식사는 인슐린 분비감소, 체지방 분해 촉진하여 체중감소효과는 있지만 케톤생성 증가 및 렙틴이 저하로 만복감을 얻기가 어렵고, 식이섬유 섭취 부족 및 고지방 식사에 의한 심혈관질환위험이 증가할 수 있기 때문이다.

③ 수분섭취와 관련하여 3가지 주의사항은 첫째, 초기에 수분섭취량을 1회에 1/2컵 정도로 제한하고 점차로 증가시키고, 둘째, 식사 직후에는 음료나 물을 과량 마시지 말고, 고열량 음료, 식혜, 알코올 음료, 밀크세이크 등을 삼가고 탄산음료도 가스를 발생시키므로 피한다. 셋째, 탈수를 막기 위해 식사 사이에 적당한 양의 물을 섭취하여 하루에 필요한 수분을 공급한다.

🖊 해설

① 비만의 에너지 영양소의 비율 조정
- 저당질 고지방 식사 : 당질 100 g 미만 또는 에너지비 20% 미만, 지방 에너지는 55~65%, 단백질 에너지는 15~25%로 섭취하는 다이어트 방법임
- 저지방 중당질 식사 : 균형 잡힌 저에너지식사로 지방 에너지 비율은 15~20%, 당질 에너지 비율은 50~60%로 하고, 단백질 에너지 비율은 20~25%로 섭취하는 다이어트 방법임
- 저당질 고단백 식사 : 당질 에너지비를 30~40%로 최소한으로 섭취하면서 육류 위주의 식사를 하는 방법과 식품 대신 상업적인 포뮬라인 액상단백질을 하루에 3~5회 섭취하는 다이어트 방법임

② 끼니별 식사배분 조절
- 하루에 3끼의 식사와 2끼의 간식을 먹는 것이 좋으며, 식사는 400~500 kcal, 간식은 100 kcal 이하로 함
- 저녁은 6시 이전에 먹고, 아침, 점심, 저녁의 비율은 3 : 2 : 1로 함

3. 다음은 고등학생인 수현이와 영양교사의 대호 내용이다. 괄호 안의 ㉠, ㉡에 해당하는 영양소의 명칭을 순서대로 쓰시오. [2점]

> 수　　　현 : 선생님! 전 요즘 자주 피곤하고 소변 색이 좀 붉게 보이며, 아침에 일어나면 눈 주위와 얼굴이 부어 있어요. 의사 선생님 진단을 받았는데, 환절기에 면역력이 약해져서 세균 감염에 의한 급성 사구체신염에 걸렸다고 하셨어요.
>
> 영 양 교 사 : 그래? 걱정되겠구나.
>
> 수　　　현 : 네. 제가 식생활에서 주의해야 할 내용이 있을까요?
>
> 영 양 교 사 : 부종이 심해지고 소변량이 적어지면, 나트륨(Na)과 (㉠) 섭취를 제한해 주는 것이 좋겠다. 또 사구체신염이 더 심해지면 소변으로 (㉡)이/가 나오는데 이 때는 근육의 이화작용을 막기 위해 에너지를 충분히 섭취하는 것이 좋단다.

🖋 정답

㉠ 칼륨　㉡ 단백질

🖋 해설

① 급성사구체신염은 추위와 과로가 원인이 되는 경우가 많고, 편도선염, 인두염, 감기, 폐렴 등을 앓고 난 후 1~3주 후에 발생함
② 증상은 핍뇨, 단백뇨, 혈뇨, 부종(얼굴과 눈 주위), 고혈압, 요통, 식욕부진, 권태감 등
③ 영양관리
- 단백질을 체중 kg당 0.5 g 이하로 제한
- 소변량이 감소하고 부종과 고혈압이 있다면, 나트륨은 1일 1,000~2,000 mg 제한
- 수분은 부종이나 핍뇨가 있을 때는 1일 소변 배설량에 500 ㎖를 더해 줌
- 칼륨은 핍뇨기에는 칼륨 배설이 저하되고 혈액 칼륨이 증가하므로 섭취 제한

4. 다음은 식품교환표에 관한 설명이다. 괄호 안의 ㉠, ㉡에 해당하는 용어를 순서대로 쓰시오. [2점]

> ○ 식품교환표란 일상에서 섭취하고 있는 식품들을 영양소의 구성이 비슷한 것끼리 모아서 6가지 식품군별로 나누어 묶은 표이다.
> ○ 동일 식품군에 속해 있는 식품들은 품목이 달라도 1교환 단위당 평균적으로 같은 에너지 및 에너지 영양소를 함유하고 있다.
> ○ 식품교환표에서 3대 에너지 영양소 모두를 제공하는 식품군은 (㉠)(이)며, 곡류군과 채소군에서는 에너지 및 탄수화물과 (㉡) 함량을 제시하고 있다.

정답

㉠ 우유군   ㉡ 단백질

해설

◆ 각 식품군의 1교환단위당 영양성분

		에너지(kcal)	당질(g)	단백질(g)	지방(g)
곡류군		100	23	2	-
어육류군	저지방	50	-	8	2
	중지방	75	-	8	5
	고지방	100	-	8	8
채소군		20	3	2	-
지방군		45	-	-	5
우유군	일반우유	125	10	6	7
	저지방우유	80	10	6	2
과일군		50	12	-	-

출처 : (사)대한영양사협회, 식품교환표, 2010

3. 다음은 과일의 당지수(GI, Glycemic Index) 관련 자료이다. 이 자료를 이용하여 당부하지수(GL, Glycemic Load)의 개념을 설명하고, 각 과일의 당부하지수를 산출한 후 혈당이 높아 조절이 필요한 A 학생이 섭취하기에 가장 적합한 과일을 1가지 쓰시오(단, 산출과정을 쓰고, 당부하지수는 소수점 둘째 자리에서 반올림하여 소수점 첫째 자리까지 구할 것). [4점]

과일	1회 섭취량(g)	당질함량(g) /1회 섭취량	GI
사과	120	15	38
배	120	11	38
포도	120	18	46
파인애플	120	13	59

자료 : 대한당뇨병학회, 「당뇨병 식품교환표 활용지침 제3판」, 2010

🖊 정답

① 당부하지수(Glycemic load,GL)는 당지수에 식품의 1회 섭취량을 반영한 것으로 당지수(Glycemic index,GI)에 식품의 1회 섭취량에 포함된 당질의 양을 곱한 다음 100으로 나누어 계산한다.

② 각 과일의 당부하지수는 사과 5.7, 배 4.2, 포도 8.3, 파인에플 7.7이다. 그러므로 A학생이 섭취하기에 가장 적합한 과일은 배이다.

🖊 해설

① 당부하지수 = 당지수(GI)×식품의 1회 분량에 함유된 당질함량(g) / 100
- 사과 : 38×15 / 100 = 5.7
- 배 : 38×11 / 100 = 4.18 ≒ 4.2
- 포도 : 46×18 / 100 = 8.28 ≒ 8.3
- 파인애플 : 59×13 / 100 = 7.67 ≒ 7.7

② 혈당지수는 당질 50 g을 함유한 표준식품(포도당 또는 흰빵)을 섭취한 후 2시간 동안의 혈당 반응 곡선의 면적을 '100'으로 기준하여 당질 50 g을 함유한 다른 식품과 비교한 수치임

8. 다음은 임상 영양사가 기록한 두 당뇨병 환자의 상담 자료이다. 환자 A에게서 아래 증상이 나타나는 이유와 식사요법에 대해서 〈작성 방법〉에 따라 논술하시오. [10점]

〈환자 A : 초등학교 여학생〉

○ 갈증을 자주 느껴 물이나 단 음료수를 자주 마시며, 식사를 충분히 하는데도 배가 고파서 간식을 꽤 먹는 편이다.

○ 저체중이고 체중 손실이 지속적으로 일어나고 있으며, 자주 피곤해 해서 운동이나 활동하는 것을 별로 좋아하지 않는다.

○ 호흡 시 가끔 불쾌한 과일향 냄새가 나며, 깊은 호흡을 하기도 한다.

○ 공복 시 혈당 수치는 280 ㎎/ 100 ㎖ 이다.

〈환자 B : 40대 후반 남자〉

○ BMI(Body Mass Index)가 29이다.

○ 운동하는 것을 좋아하지 않으며, 회식이 잦은 편이다.

○ 고지혈증 증세가 있다.

○ 인슐린 저항성이 있고, 공복 시 혈당 수치는 160 ㎎/ 100 ㎖ 이다.

〈작성 방법〉

○ 환자 A가 음료수나 간식을 자주 먹는 이유를 혈액과 소변 중의 당과 관련하여 설명할 것

○ 환자 A에게서 체중 손실이 일어나는 이유를 설명할 것

○ 환자 A에게서 호흡 시 불쾌한 과일향 냄새가 나는 이유를 지방산 산화와 연관하여 설명하고, 임상 증상을 서술할 것

○ 환자 A와 환자 B의 식사요법을 단순당 및 에너지 섭취 면에서 비교 설명할 것

○ 위의 4가지 항목을 설명하되, 논리 및 체계성을 갖춰 구성할 것

📝 정답

① 환자 A는 당뇨병성 케톤산증으로 인슐린 주사를 중단했을 때나 처방된 식사량 및 내용을 지키지 않았을 때 인슐린 부족이 심해져서 고혈당(250 mg/dL 이상)이 발생되고, 케톤체로 인하여 혈액이 산성화 되고, 포도당이 에너지원으로 이용되지 못하므로 단순당을 많이 먹게 된다.

② 포도당이 에너지원으로 이용되지 못하는 대신 체내에 저장된 지방이나 단백질이 에너지원으로 이용되므로 체중감소가 온다.

③ 인슐린 분비가 저하되면서 체지방의 분해를 증가시키지만 옥살로아세트산이 급격히 감소하여 TCA 회로를 통한 대사가 줄어들면 지방분해에 의해 생성된 아세틸 CoA는 케톤체를 합성하여 혈중 케톤체 농도가 상승되어 일종의 산독증(acidosis)이 나타나기 때문이다.

④ A 환자는 아직 성장과정에 있으므로 정상 아동을 기준으로 하거나 트리스만법(칼로리(kcal) = 1,000 + (나이 × 100)을 이용하여 성장에 필요한 적절한 열량을 섭취하도록 해야 하고, B 환자는 체중감량을 해야 하므로 육체적 활동이 거의 없는 환자이므로 표준체중 × 25~30 kcal /일로 에너지를 계산하고, 당질은 총에너지 섭취량의 50~60%, 복합당질 식품을 권장. 단순당은 총열량의 5% 이내로 제한하고 당지수가 낮은 식품을 선택한다.

📝 해설

① 당뇨병성 케톤산증(당뇨병 혼수)은 제1형 당뇨병 환자에서 나타나며, 포도당이 에너지원으로 쓰이지 못하고 지방이 분해되어 케톤체를 생성함
- 증상은 무기력함, 구토, 탈수, 식욕부진, 다뇨, 호흡곤란, 아세톤 냄새, 혼수상태가 될 수 있음
- 진단 : 250 mg/dL 이상의 고혈당, 케톤뇨증이나 혈액 내 케톤의 존재, 혈액의 산성화
- 처방 : 인슐린 투여, 전해질과 수분 공급함

② 고삼투압성 고혈당 비케톤성 증후군은 주로 고령의 제2형 당뇨병 환자에서 발생하며, 길항호르몬의 과분비로 간에서 포도당생성량이 증가하여 혈당 증가하고 중추신경계장애가 나타남
- 증상은 탈수, 기립성 저혈압, 의식혼탁 및 혼수 등의 중추신경계 증세다 나타남
- 진단 : 400 mg/dL 이상의 고혈당 및 혈액 내 삼투압의 상승(>315 mOsm/kg) 여부
- 수분공급, 적정량의 인슐린 공급

13. 다음 대화 내용을 근거로 학생의 증상에 관한 사항을 〈작성 방법〉에 따라 서술하시오. [4점]

> 학　　　생 : 선생님, 제가 고등학교에 들어온 후 살이 많이 쪘고 계속 소화불량이 있었거든
> 요. 요즘에는 자주 속이 쓰리고 음식을 삼킬 때마다 아파요.
> 영 양 교 사 : 그렇구나. 병원에 가 보았니?
> 학　　　생 : 예. 바레 시도(Barrett's esophagus)가 생길 수 있으니 식품 선택에 주의하라고
> 하셨어요.
> 영 양 교 사 : 증상을 완화시키고 질병이 심해지는 것을 막으려면 식품 선택도 중요하고 <u>식</u>
> <u>사 관련 행동</u>도 개선할 필요가 있어.

---〈작성 방법〉---

> ○ 이 학생의 질병명을 유추하여 쓸 것
> ○ 이 질병의 주된 증상을 일으키는 소화기관의 기능 손상을 구체적으로 서술할 것
> ○ 밑줄 친 식사 관련 행동에 대한 개선 방안을 손상된 기능과 연관지어 2가지를 서술할 것

정답

① 역류성 식도염(reflux esophagitis)
② 하부식도괄약근의 수축력이 떨어지면 압력이 낮아져 구강과 식도를 거쳐 위로 이동된 음식물이
식도로 역류하여 위 내용물과 위산에 의해 속쓰림 등의 증상을 보이는 질환이다.
③ 과식을 피하고 식사는 소량씩 여러 번으로 나눠 먹고, 식사 후 바로 눕거나 격한 운동을 하지 않
도록 한다.

해설

① 역류성 식도염의 원인은 하부식도 괄약근(분문)의 기능 부전으로 발생함
② 역류성식도염의 영양관리
- 소량 식사를 자주 섭취한다.
- 늦은 밤 음식 섭취를 제한한다.
- 체중을 감량한다.
- 카페인 음료를 제한한다(알코올)
- 식사 후 몸을 구부리거나 뛰거나 눕는 것을 피한다.
- 자극성이 강한 음식, 통증을 유발하는 음식을 피한다.

2017년도 기출문제 B형

5. 다음은 ○○여자고등학교 홈페이지 비밀게시판에 올라온 글이다. 이 글을 작성한 학생에게 의심되는 섭식장애의 명칭을 쓰시오. 그리고 습관적인 구토로 인하여 이 학생에게 외관상 나타날 수 있는 신체적 징후 3가지를 구체적인 이유와 함께 각각 서술하시오. [4점]

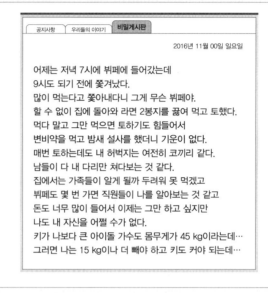

| 공지사항 | 우리들의 이야기 | **비밀게시판** |

2016년 11월 00일 일요일

어제는 저녁 7시에 뷔페에 들어갔는데
9시도 되기 전에 쫓겨났다.
많이 먹는다고 쫓아내다니 그게 무슨 뷔페야.
할 수 없이 집에 돌아와 라면 2봉지를 끓여 먹고 토했다.
먹다 말고 그만 먹으면 토하기도 힘들어서
변비약을 먹고 밤새 설사를 했더니 기운이 없다.
매번 토하는데도 내 허벅지는 여전히 코끼리 같다.
남들이 다 내 다리만 쳐다보는 것 같다.
집에서는 가족들이 알게 될까 두려워 못 먹겠고
뷔페도 몇 번 가면 직원들이 나를 알아보는 것 같고
돈도 너무 많이 들어서 이제는 그만 하고 싶지만
나도 내 자신을 어쩔 수가 없다.
키가 나보다 큰 아이돌 가수도 몸무게가 45 kg이라는데…
그러면 나는 15 kg이나 더 빼야 하고 키도 커야 되는데…

정답

① 신경성 대식증(폭식증, bulimia nervosa)
② 습관적인 구토로 인하여 외관상 나타날 수 있는 신체적 징후 3가지는 첫째, 위산이 구강 및 식도를 자극하여 치아의 에나멜층이 침식되고 식도에 염증이 발생한다. 둘째, 구토 및 완화제, 이뇨제의 남용은 탈수 뿐 아니라 전해질 이상으로 인한 피로, 발작, 부정맥, 저혈압 및 사망 등의 문제가 나타날 수 있다. 셋째, 위염, 장운동 소실, 비뇨기 및 신장이상, 대사성 알칼리증 등을 초래할 수 있다.

해설

① 신경성 폭식증(bulimia nervosa)은 폭식 후 구토, 설사, 심한 운동 등의 제거 행동을 반복적으로 실행함
② 영양관리
- 이상체중 kg당 권장량만큼 처방하거나 열량의 15~20%로 하여 생물가가 높은 단백질 공급
- 55~60%로 하되 변비 예방을 위해 불용성 섬유소의 섭취를 늘림
- 지방은 에너지의 20~25%로 하여 필수지방산 공급에 유의함

5. 다음은 속발성 고혈압의 원인 질환에 관한 내용이다. 괄호 안의 ㉠, ㉡에 해당하는 호르몬의 명칭을 순서대로 쓰시오. [2점]

> 만성적인 스트레스나 면역억제제의 남용으로 부신 피질에서 (㉠)이/가 과다하게 분비되어 인슐린저항성의 여러 증상이 나타나는 쿠싱증후군은 속발성 고혈압의 원인이 된다. 한편, 부신 수질에 주로 발생하는 종양인 크롬친화성세포종(갈색세포증)이 생기면 (㉡)이/가 과다하게 분비되어 속발성 고혈압을 일으킨다.

정답

㉠ 글루코코르티코이드(glucocorticoids, 코티솔)
㉡ 카테콜아민

해설

고혈압의 분류

① 본태성 고혈압(1차성) : 전체 고혈압의 90%에 해당되며, 연령이 높은 층에서 발병하며, 원인 없이 무증상으로 나타남
② 속발성 고혈압(2차성) : 속발성 고혈압의 80%는 신장질환이 원인이고, 그 외 내분비 이상(갑상선 기능항진, 부신피질호르몬 분비 항진 등), 중추신경계 질환(뇌종양, 뇌출혈 등), 약물복용(경구피임약이나 스테로이드 제제)이 관련되며 주로 젊은 연령층에서 발생함

2018년도 기출문제 B형

2. 알도스테론 길항제를 이뇨제로 사용할 때, 소변 중 무기질 배출량의 변화를 알도스테론의
기능과 연관 지어 서술하시오. 알도스테론 길항제의 영향으로 어떤 무기질의 배출량이 감소
하는데, 이 무기질의 섭취를 줄이기 위하여 조리 과정에서 주의할 사항을 2가지 서술하시오.
[4점]

✏️ **정답**

① 부신피질 호르몬인 알도스테론은 신장에서 나트륨의 재흡수를 촉진하고, 칼륨의 배설을 촉진하
여 전해질 배설을 조절하는데, 알도스테론 길항제인 이뇨제를 사용할 경우 칼륨의 배출량이 감소
한다.
② 칼륨의 섭취를 줄이는 방법은 과일의 껍질을 제거하고 잘게 썰어 물에 담갔다가 먹고, 채소를 많
은 양의 물에 삶고 그 물은 버리고 조리한다.

✏️ **해설**

내분비선	호르몬	화학성분	표적기관	주요효과
부신피질	당질코르티코이드 (glucocorticoids, 코티솔)	스테로이드	대부분 세포	지방, 단백질 및 탄수화물 대사에 관여 간의 글루코오스신생 촉진 스트레스에 대한 저항
	알도스테론	스테로이드	신장	Na+ 재흡수 촉진 K+ 배설 촉진 체액량 조절
	성호르몬 (안드로겐)	스테로이드	신체에 널리 퍼져 있음	성 특징에 영향
부신수질	에피네프린	아미노산 유도체	신체에 널리 퍼져 있음	골격근에 영향 심장박동 수 증가 탄수화물 및 지방대사에 관여
	노르에피네프린	아미노산 유도체	신체에 널리 퍼져 있음	혈관 축소, 동공확대, 소화관 활동 억제, 에피네프린에 비해 혈압 상승효과가 더 큼

13. 위하수증을 가진 A씨는 〈보기〉와 같이 식단 및 식습관을 변경하였다. (가)~(다)는 영양성분과 관련짓고, (라)는 식행동과 관련지어 그 이유를 각각 서술하시오. [4점]

〈보기〉

(가) 흰죽을 진밥으로 변경
(나) 소갈비 구이를 닭가슴살 구이로 변경
(다) 취나물을 애호박나물로 변경
(라) 식사 중에 물마시던 습관을 식간으로 변경

🖊 정답

(가) 주식으로 수분이 많은 죽 종류는 피하고 진밥을 제공한다.

(나) 위의 근육을 튼튼하게 하기 위해 단백질은 필수적이므로 소화가 잘되는 연한 살코기인 닭가슴살을 제공한다.

(다) 섬유질이 많거나 질긴 채소를 피하고 향신료를 적당히 사용하여 식욕을 촉진시키고 부드러운 채소를 공급한다.

(라) 위의 부담을 줄이기 위하여 식사 전이나 식사 시에는 물, 주스, 차 등의 섭취를 피한다.

🖊 해설

① 위하수증은 습관적으로 많은 양의 식사를 하던 사람은 위의 기능이 떨어지면서 위가 배꼽 아래까지 길게 늘어진 상태로 소화, 흡수 능력이 떨어지고 위 내용물을 장으로 내려보내는 힘이 약해져 식사량이 많아지면 위가 불편해짐

② 식사 내용은 영양가 높고 위에 오래 머무르지 않는 것으로 제공한다. 식사 이외에 간식, 중간식 형태로 식사 횟수를 늘리고, 향신료를 적당히 사용하여 식욕을 촉진하도록 함

③ 탄산음료, 과일주스, 맥주, 사과, 배, 브로콜리, 콜리플라워, 양파, 감자, 옥수수, 마른 콩, 땅콩, 부추, 순무는 장내에서 가스를 생성함으로 피함

④ 지질은 유화된 형태로 크림이나 버터 등으로 공급하고, 튀김과 같은 음식은 제한함

4과목 식사요법

4. 다음은 협심증에 대한 내용이다. 〈작성 방법〉에 따라 서술하시오. [4점]

> 세포에서 에너지를 생산하기 위해서 심장은 필요한 영양소와 (㉠)을/를 혈액을 통해 전신에 공급해야 한다. 협심증은 관상동맥의 경화 또는 협착이 있는 경우 여러 가지 요인으로 심근의 (㉠) 요구량이 증대되어 일시적으로 부족할 때 통증이 나타날 수 있다. 따라서 협심증 환자의 경우 알코올과 카페인 섭취를 제외한 식행동 요인 중 특히 (㉡)을/를 피해야 하는 이유는 심장의 부담을 줄여 통증 발작을 예방하기 위함이다.

〈작성 방법〉

○ ㉠에 해당하는 용어와 ㉡에 해당하는 요인을 순서대로 제시할 것
○ ㉡을 피해야 하는 이유를 영양학적 관점에서 ㉠과 관련하여 서술할 것

정답

① ㉠ 산소 ㉡ 흡연
② 담배의 유해물질인 일산화탄소는 혈액의 산소운반능력을 감퇴시켜 만성저산소증을 일으키고, 니코틴은 말초혈관을 수축하여 맥박을 빠르게 하고 혈압을 높이며, 콜레스테롤을 증가시켜 동맥경화증을 악화시키므로 금연을 해야 한다.

해설

① 허혈성심장질환은 관상동맥은 심장 근육에 산소와 영양소를 공급하는 혈관이 동맥경화증으로 인해 혈전이 관상동맥을 막아 혈류가 차단되면 심장근육에 허혈과 손상이 일어나서 나타나는 질환으로 심근경색과 협심증이 있음
- 심근경색증은 관상동맥이 막혀서 심근이 괴사, 협심증 증세와 비슷하나 강하게 조이는 것 같은 흉통이 30분 이상 지속됨
- 협심증은 관상동맥 경화로 협착이 생겨 일시적으로 갑작스런 통증이 발생함
② 울혈성 심부전은 심장이 점차 약해지다가 결국에는 기능을 완전히 상실하게 되는 말기 심장질환임

3. 다음은 신성골이영양증의 원인에 관한 내용이다. 괄호 안의 ㉠에 공통으로 해당하는 무기질과 괄호 안의 ㉡에 해당하는 호르몬의 명칭을 순서대로 쓰시오. [2점]

> 신성골이영양증은 만성 신부전 환자에게 나타나기 쉽다. 그 이유는 만성 신부전일 때 (㉠)의 분비가 촉진되기 때문이다. 따라서 민성 신부전 환자는 (㉡)의 섭취량을 제한해야 한다.

🖊 정답

㉠ 인　㉡ PTH(부갑상선호르몬)

🖊 해설

① 신장에서 인산 배설의 감소로 혈액 내 인산의 농도가 상승되어 칼슘·인산염을 생성하여 혈액 칼슘 농도를 감소시켜 뼈에서 칼슘이 용출됨

② 비타민 D를 활성화시킬 수 없어 혈액 칼슘 농도가 저하되어 뼈의 통증, 골질량의 감소, 골연화, 골절 등이 나타남

6. 다음은 경장영양의 공급경로 선택 흐름도이다. 〈작성 방법〉에 따라 서술하시오. [4점]

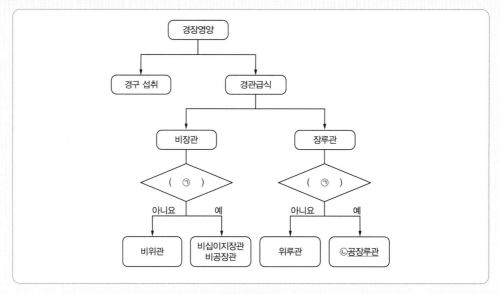

〈작성 방법〉

○ 괄호 안의 ㉠에 공통으로 들어갈 영양위험요소를 질문 형태로 제시할 것
○ 밑줄 친 ㉡으로 주입하는 영양액 성분 중 탄수화물이 가수분해된 형태로 공급되어야 하는 이유 1가지를 제시할 것
○ 경장영양 경로를 확보할 수 없는 심한 영양불량 환자에게 사용하는 영양공급방법을 쓰고, 영양액 공급 시 재급식증후군(refeeding syndrome)을 예방하기 위한 방법 1가지를 제시할 것

✎ **정답**

───

① ㉠ 흡인 폐렴의 위험이 있는가?
② ㉡ 위장관 기능이 저하되어 소화흡수가 어렵기 때문이다.
③ 정맥영양
④ 재급식증후군의 예방법은 영양지원 초기에 공급을 소량으로 시작하도록 하고 인, 마그네슘, 칼륨의 혈액 내 수치를 관찰하여 적절히 보충해 주도록 한다.

✏️ **해설**

---

① 영양집중 지원은 구강으로 충분한 영양섭취가 어려운 환자에게 영양상태 회복 및 질병 치료를 목적으로 경구, 경장 혹은 정맥을 이용하여 영양소의 전부 혹은 일부를 제공하는 것
  - 경장영양(Enteral Nutrition, EN)은 특정한 영양액을 이용하여 입으로뿐 아니라 비위장, 비장관 혹은 경피적 경로로의 적극적인 영양공급을 하는 위장관을 이용한 유형의 영양집중 지원을 말함
  - 정맥영양은 위장관의 기능이 정상인지, 이용 가능한 방법이 무엇인지 충분히 평가 후 경장영양이 불가능한 경우에만 정맥영양을 시작함
② 재급식증후군(refeeding syndrome)은 장기간 금식이었고 영양불량 상태었던 환자에게 영양 공급이 시작되었을 때 처음 며칠 동안 수분과 전해질의 불균형이 일어나는 증상으로 저인산증, 저마그네슘혈증, 저칼륨혈증이 나타나고, 수분배출이 저하되면서 수분과다가 되기도 함. 주된 증상은 부정맥, 호흡곤란, 감각이상 등이 나타날 수 있으며, 빠른 속도의 영양공급과 과도한 당질 공급을 하였을 때 특히 발생하기 쉬움

1. 다음은 고콜레스테롤혈증에 관한 내용이다. 괄호 안의 ㉠에 해당하는 용어와 밑줄 친 ㉡에 해당하는 필수지방산의 명칭을 순서대로 쓰시오. [2점]

> 국민건강영양조사 결과에 따르면 고콜레스테롤혈증 유병률은 30~49세까지 남자가 높은 반면, 50세 이상에서 여자가 높게 나타났다(질병관리본부, 국민건강영양조사 제7기 2차년도 주요 결과, 2017). 고콜레스테롤혈증은 동맥경화증과 밀접한 연관성을 가지며 심혈관계질환의 위험성을 증가시킨다. 즉, 혈액 내 과량의 LDL-콜레스테롤은 혈관벽에서 대식세포 및 섬유상 단백질과 결합된 형태의 (㉠)을/를 형성함으로서 혈관 내부가 좁아져 고혈압 발병과도 관계가 있다. 따라서 노년기의 고콜레스테롤혈증을 예방하기 위해서는 채소와 과일에 풍부한 식이섬유소 및 등푸른 생선에 풍부한 ㉡ ω-3계 지방산 등의 적절한 섭취가 바람직하다.

✎ 정답

㉠ 플라크(plaque) ㉡ α-리놀렌산

✎ 해설

① 플라크(plaque)의 형성 단계
- 혈액 내의 LDL 농도가 너무 높아지면 LDL 수용체 비의존성 경로에 의해 처리되는데, 이 경우 손상된 혈관조직 등의 대식세포가 과다한 LDL을 받아들여 세포내 콜레스테롤이 축적되어 거품세포(foam cells)을 형성
- 거품세포들이 동맥벽에서 지방 띠(fatty streak)을 형성
- 지방 띠에 지방물질, 평활근 세포, 결체조직, 세포 부스러기 등이 들러붙어 플라크 형성
② α-리놀렌산
- EPA와 DHA 생성함
- 혈전 생성을 억제하고 혈관 확장을 촉진하는 아이코사노이드(eicosanoids)의 전구체로 작용하여 심혈관계질환의 위험도를 낮춤
- 간에서 중성지방고 VLDL 합성을 감소시켜 혈중 중성지방 농도와 혈압을 낮추고 염증반응을 억제함

6. 다음은 고등학생 경태와 영양교사의 대화 내용이다. 〈작성 방법〉에 따라 서술하시오. [4점]

> 경　　　태 : 선생님, 저희 할아버지가 최근 의사로부터 노년층에서 많이 발생할 수 있다는
> 　　　　　　만성위염으로 진단받으셨어요. 어떻게 식사를 하시는 것이 좋을까요?
> 영 양 교 사 : 걱정이 많겠어요. 일반적으로 ㉠ 할아버지가 진단받은 만성위염은 청·장년층
> 　　　　　　에서 많이 발생하는 만성위염과는 차이가 있어요. 따라서 식사 조절 방법이 다
> 　　　　　　릅니다.
> 경　　　태 : 아! 그렇군요.
> 영 양 교 사 : 청·장년층에서 많이 나타나는 만성위염 환자는 진한 육즙, 커피, 탄산음료 등
> 　　　　　　을 제한해야 되는데, 경태 할아버지는 ㉡ 유자차, 레몬차, 과즙 등을 섭취하는
> 　　　　　　것이 도움이 됩니다.
> 경　　　태 : 감사합니다. 그럼 다른 주의 사항은 없나요?
> 영 양 교 사 : 경태 할아버지와 같은 ㉢ 만성위염은 빈혈도 함께 신경 써야 합니다.

〈작성 방법〉

○ 밑줄 친 ㉠을 제시할 것
○ 밑줄 친 ㉡의 이유를 1가지 제시할 것
○ 밑줄 친 ㉢의 이유를 2가지 제시할 것

✎ 정답

① ㉠ 위축성 위염
② ㉡ 위산의 분비를 증가시키기 위함이다.
③ ㉢의 이유는 첫째, 위산분비 부족으로 인해 환원형 철분(ferrous iron, Fe^{2+})으로 전환되지 못해 빈혈이 발생하고, 둘째, 비타민 B_{12} 흡수 저하로 악성빈혈이 발생한다.

✎ 해설

위축성 위염의 영양관리
① 고기스프, 과일 과즙, 향신료, 알코올 등을 적당히 사용하여 위산 분비를 촉진함
② 위산분비 촉진과 염증세포의 재생을 위해 달걀, 우유, 유제품, 흰살 생선, 저지방 육류 등 적당량의 단백질 공급
③ 비타민 C를 비롯한 여러 비타민의 공급이 필요하고, 빈혈이 발생하므로 흡수가 잘 되는 헴 형태의 고철분식 공급

7. 다음은 체중 감량이 필요한 **30**대 남성 **A**씨를 대상으로 한 (가) 식사 계획, (나) 계획한 식단 중 곡류군, (다) 식품 교환단위수이다. 〈작성 방법〉에 따라 서술하시오. **[4점]**

(가) 식사 계획

- 1주일에 약 0.5 kg의 체중 감량을 목표로 ㉠ 1일 500 kcal의 식이 섭취를 감소시켜 에너지의 섭취량을 1,800 kcal로 유지하기로 한다.
- 탄수화물은 1일 최소 (㉡) g 이상을 섭취하도록 한다. 단, 단순당질보다는 식이섬유 및 미량 영양소가 풍부한 복합당질 식품을 섭취하도록 한다.
- 단백질은 지방이 적은 육류나 흰살 생선류 등의 양질의 단백질 식품을 섭취하도록 한다.

(나) 계획한 식단 중 곡류군

식품군	아침	점심	저녁
곡류군	보리밥 140 g 도토리묵 200 g	잡곡밥 210 g	잡곡밥 (㉢) g

(다) 식품 교환단위수

에너지 (kcal)	곡류군	어육류군		채소군	지방군	우유군	과일군
		저지방	중지방				
1,800	8	2	3	7	4	2	2

〈출처〉 대한당뇨병학회, 당뇨병 식품교환표 활용지침, 2010.

〈작성 방법〉

- 밑줄 친 ㉠의 근거를 지방조직의 열량과 관련지어 제시할 것
- 괄호 안의 ㉡에 들어갈 중량을 쓰고, 이유를 제시할 것
- 괄호 안의 ㉢의 중량을 (다)의 식품 교환단위수에 맞추어 제시할 것

정답

① ㉠ 0.5 kg의 지방은 약 3500 kcal에 해당하므로 1주일에 약 0.5 kg 체중을 감량할 때는 하루 500 kcal씩 필요한 에너지에서 감하게 된다.
② ㉡ 1일 100 g 이상이고, 이유는 체단백질의 보존과 지질의 완전 연소를 위해 필요하다.
③ 140 g(2교환)

해설

① 지방조직 1 kg은 약 7,000 kcal의 에너지가 필요하고, 이상적인 체중감량은 1주일에 0.5 kg 정도임
② 탄수화물은 1일 에너지의 50~60% 정도, 저 gI(당지수)식품을 제공함
③ 식품교환표의 곡류군
- 쌀, 보리 등의 곡식류, 밀가루, 전분, 감자류와 곡류를 이용한 식품
- 1교환단위당 당질 23 g 단백질 2 g, 에너지 100 kcal
- 밥(쌀밥, 보리밥, 현미밥, 잡곡밥) 70 g이 1교환단위
- 쌀죽 140 g이 1교환단위
- 알곡류(백미, 찹쌀, 보리, 현미, 기장, 차조, 차수수, 율무) 30 g이 1교환단위
- 묵류(도토리묵, 녹두묵, 메밀묵) 200 g이 1교환단위

8. 다음은 간성뇌증 환자 A(42세, 남자)에게 제공되는 **1,800 kcal** 저염식 식단이다. 〈작성 방법〉에 따라 서술하시오. [4점]

에너지	1일 필요 식품교환단위 수						
	곡류군	어육류군		채소군	지방군	우유군	과일군
		저	중				
1,800kcal	(㉠)	0	1	7	8	0.5	3

아침			점심			저녁		
식단	재료 및 분량(g)		식단	재료 및 분량(g)		식단	재료 및 분량(g)	
쌀밥	쌀	90	쌀밥	쌀	90	쌀밥	쌀	90
미역국	건미역	3	아욱 된장국	아욱	35	콩나물국	콩나물	35
	참기름	2.5					㉢ 도부	80
애호박전	애호박	35	가지구이	가지	35	두부탕수	양파, 당근	35
	식용유	5		식용유	5		식용유	10
감자채 볶음	감자	140	팽이버섯 볶음	팽이버섯	25	표고버섯 볶음	표고버섯	25
	식용유	5		참기름	2.5		들기름	2.5
숙주나물	숙주	35	시금치 나물	시금치	35	곤약무침	곤약	35
	들기름	2.5		들기름	2.5		참기름	2.5
나박김치	나박김치	35	무생채	무	35	나박김치	나박김치	35
우유	일반우유	100 ml	오렌지 주스	오렌지 주스	(㉡) ml	바나나	바나나 (생과)	50

〈작성 방법〉

○ 괄호 안의 ㉠의 식품교환단위 수와 괄호 안의 ㉡의 분량을 순서대로 제시할 것
○ 밑줄 친 ㉢과 같이 식물성 단백질을 제공하는 이유를 아미노산을 포함하여 서술할 것

정답

① ㉠ 10교환단위 수   ㉡ 200

② ㉢ 간의 아미노산 대사 이상으로 뇌 조직에 방향족 아미노산(aromatic amino acid, AAA)이 분지 아미노산(branced chain amino acid, BCAA)보다 많이 유입되어 뇌의 신경전달물질 형성에 영향을 주기 때문에 곁가지 아미노산 함량이 높은 두부(식물성단백질) 등을 주로 공급한다.

해설

1. 곡류군에 해당하는 식품의 1교환단위당 기준량
   ① 밥(쌀밥, 보리밥 등) : 70g
   ② 알곡류(보리, 백미, 수수, 조, 율무, 팥 등) : 30g
   ③ 감자 : 140g
2. 과일군에 해당하는 식품의 1교환단위당 기준량
   ① 오렌지 주스 : 100mL
   ② 바나나(생과) : 50g
3. 간성뇌증
   ① 발생기전 : 간 기능 이상으로 아미노산 분해 시 발생하는 암모니아가 요소회로를 통해 요소로 전환되지 못하고 혈액 중에 농도가 증가해 뇌에 신경독성을 유발하거나 간에서 아미노산 대사 이상으로 뇌 조직에 방향족 아미노산(aromatic amino acid)이 분지아미노산(branced chain amino acid)보다 많이 유입되어 뇌의 신경전달물질 형성에 영향을 주기 때문임
   ② 분지 아미노산 함량이 높은 식품 : 우유, 콩, 두부 등
   ③ 방향족 아미노산 함량이 높은 식품 : 육류, 내장류(간), 어패류 등

10. 다음은 영양교사와 동료교사와의 대화이다. 〈작성 방법〉에 따라 서술하시오. [4점]

동료교사

안녕하세요. 제가 요즘 식사도 제대로 못하고 복통과 설사가 심해서 병원에 갔는데, (㉠)(으)로 진단을 받았어요.

아, (㉠)은/는 서양에서 많이 발생하는데 최근에 우리나라 젊은 사람들에게도 많이 발병하고 있어요.

영양교사

동료교사

(㉠)은/는 소화관 조직 내 염증의 침윤 정도가 궤양성대장염보다 심하고, 소화관 어느 부위에서나 발생이 가능하다고 들었어요. 그래서인지 저는 음식을 섭취하면 소화가 잘 안되는데 어떻게 식사하는 것이 좋을까요?

(㉠)을/를 가진 사람은 에너지와 단백질이 많은 식사를 해야 하지만 ㉡지방이 많은 식품 섭취는 줄여야 해요. 또한 ㉢증상이 심한 급성기에는 식이섬유 섭취도 주의해야 해요.

영양교사

… (하략) …

〈작성 방법〉

○ 괄호 안의 ㉠에 해당하는 명칭을 제시할 것
○ 밑줄 친 ㉡의 이유와 지방을 공급하는 방법을 각각 서술할 것
○ 밑줄 친 ㉢의 식사요법을 서술할 것

정답

① ㉠ 크론병

② ㉡의 이유는 지방의 다량 섭취는 지방변을 일으킬 수 있으므로 식사에서 제한할 필요가 있고, 지방을 공급하는 방법은 중간사슬지방산(MCT)를 이용하여 에너지를 보충한다.

③ ㉢ 장점막의 염증과 협착이 있는 경우에는 장 부위에 대한 자극을 최소화하기 위하여 저섬유소식으로 소량씩 자주 공급하는 것이 좋다 .

해설

1. 크론병의 특징
　　① 전 소화관을 거쳐 발생할 수 있음
　　② 비연속적으로 염증이 나타남
2. 크론병의 영양관리
　　① 고에너지, 고단백질 식사
　　② 저섬유소식
　　③ 비타민과 무기질 보충

제 5 과목

영양교육

1. A 영양교사는 초등학생의 채소 섭취를 증진하기 위하여 초등학생을 대상으로 사회인지론(social cognitive theory)을 적용한 영양교육을 실시하였다. 영양교사의 다음 행동은 사회인지론의 무슨 개념을 공통적으로 적용한 것인지 쓰시오. [2점]

- 채소 반찬을 남기지 않은 학생에게 스티커를 주었다.
- 1주 동안 스티커를 가장 많이 받은 학생에게 작은 선물을 주었다.
- 채소 섭취량이 많아진 학생들의 사례 중 우수 사례를 급식 뉴스에 올렸다.

🖊 정답

강화(환경적 요인)

🖊 해설

사회인지론은 인간의 행동은 인지적(개인적) 요인, 행동, 환경이 서로 상호작용하여 결정되며, 개인의 인지적 요인으로는 행동결과에 대한 기대, 행동결과의 가치, 자아효능감, 집단효능감을 제시한다. 행동적 요인으로는 행동수행력과 자기통제력(자기조절)을 환경적 요인으로는 환경, 관찰학습, 강화, 촉진 등을 제시함

2. A 영양교사는 급식 대상 중학생의 대표적인 영양 문제가 균형식을 하지 않는 것이라고 진단하였다. 학생들의 영양 문제를 개선하기 위하여 영양교사는 축제 기간에 다음과 같이 행사를 개최하였다. 영양교사가 사용한 (가), (나)의 영양교육 방법은 무엇인지 순서대로 쓰시오. [2점]

> (가) 영양교사가 균형적인 일품요리 메뉴를 설명하고 학생들이 직접 만들어 보게 하였다.
>
> (나) 영양 전시회 개최
> - 슬로건 : '균형식을 먹자!'
> - 패널 전시 : 균형식의 중요성, 식품구성자전거 등
> - 리플릿 배부 : 균형식 실천 방법

✎ 정답

(가) 조리실습   (나) 캠페인

✎ 해설

집단교육의 유형

① 강연 및 강의

② 집단토의 : 강의식, 강단식, 배석식, 공론식, 원탁, 6·6식, 연구집회, 브레인스토밍, 시범교수법
　　　　　　 (방법, 결과)

③ 실험형 교육 : 교육대상자가 스스로 학습을 하면서 터득하는 방식(역할연기법, 인형극, 그림극, 실
　　　　　　 험, 조리실습)

④ 조사활동

⑤ 캠페인

3. 다음은 영양교육 수업의 일부이다. 영양교사와 학생들 간의 대화 내용에서 (가) 부분은 교육 평가 유형 중 무엇을 활용한 것인지 쓰시오. [2점]

···(상략)···

영양교사 : 식중독을 잘 일으키는 균들과 식중독 증상이 이해되었나요?

학 생 들 : 네.

영양교사 : 그럼, 퀴즈를 낼게요. A 식중독균에 의해 식중독이 일어났을 때 어떤 증상이 나타나는지 쪽지에 써 보세요.

학 생 들 : 네.

(영양교사는 퀴즈 쪽지를 확인하고, 학생들이 잘못 쓴 내용에 대해 추가 설명을 하였다.)

···(중략)···

영양교사 : 그럼 변질된 햄이나 소시지를 먹었을 때 주로 어떤 식중독 증상들이 생기는지 설명해 볼 사람 있어요?

윤   주 : 네, 제가 해 볼게요.

(윤주의 설명을 듣고 영양교사는 피드백을 하였다.)

···(중략)···

영양교사 : 오늘은 식중독과 식중독 예방법에 대해 알아보았습니다. 앞으로 식품의 위생적인 상태를 꼭 확인하고 먹도록 노력합니다.

학 생 들 : 네.

(가)

✏️ **정답**

형성평가

✏️ **해설**

형성평가는 수업 정리단계에서 이루어지는 수행평가로 본시의 학습 목표에 도달한 정도를 알아보는 평가 문항을 2~3개 정도 질문함

1. 수진이는 영양교사에게 다음과 같은 상담 신청서를 제출하였다.

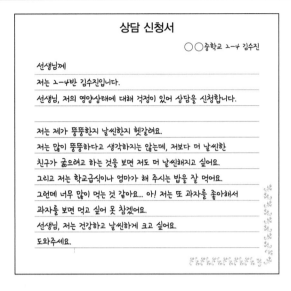

상담 신청서에 나타난 영양상의 문제점을 근거로 수진이와의 상담 효과를 높이기 위하여 영양교사가 상담 전에 상담 기록지 외에 미리 준비해야 할 상담도구를 3가지만 쓰시오. 그리고 각 상담 도구를 어떻게 활용할 수 있는지 설명하시오. [3점]

정답

① 2017 소아청소년 성장도표, 2020 한국인 영양소 섭취기준, 식사구성안
② 2017 소아청소년 성장도표는 수진이의 비만도를 알아보는 도구로 사용한다.
③ 2020 한국인 영양소 섭취기준은 수진이의 1일 영양소 섭취기준을 알려주기 위한 자료로 사용한다.
④ 식사구성안은 영양소섭취기준에 따른 균형잡힌 식사를 하는 데, 하루에 섭취해야 할 각 식품군의 권장섭취횟수를 제시하기 위한 도구로 사용한다.

해설

영양상담 도구로는 한국인 영양소 섭취기준, 식품교환표, 영양상담기록지(SOAP방식), 식사구성안, 식사지침, 식품모형, 식사기록지, 식사일기, 컴퓨터, 소책자, 리플릿 등 시청각 자료, 식품성분표를 이용할 수 있음

5. 다음은 A 고등학교의 영양교사가 학생들을 대상으로 '비만 예방을 위해 운동을 하자'라는 주제의 영양교육을 실시하고 일정 기간이 지난 후 학생들의 운동 횟수를 조사한 결과이다.

운동 횟수	명(%)
1주일에 6~7회	515(50.5)
1주일에 3~5회	249(24.4) (가)
1주일에 0~2회	256(25.1)
계	1,020(100.0)

영양교사는 (가) 집단 학생들을 대상으로 '운동하기'의 행동 특징을 조사하였다. 그 결과, 이 학생들은 운동의 필요성을 잘 알고 있었고 운동을 하기 위한 노력은 계속하고 있었으나 운동을 실천한 기간이 6개월은 채 되지 않은 것으로 나타난다. (가) 집단의 행동 특징은 행동변화단계 모델의 어느 단계에 속하는지 쓰시오. 그리고 (가) 집단이 보이는 행동변화단계를 발전시키기 위해 대체조절 방법 측면에서의 영양교육 내용을 2가지만 개발하여 쓰시오(단, 내용 개발 시 청소년을 위한 식생활지침(2009)의 '건강체중을 바로 알고, 알맞게 먹자'의 세부지침을 활용할 것). [3점]

✏️ 정답

① (가) 행동단계
② 첫째, 내 키에 따른 건강체중을 바로 알게하고, 건강체중의 중요성을 교육하여 무리한 다이어트를 하지 않도록 한다.
　둘째, TV 시청과 컴퓨터게임 등을 모두 합해서 하루에 두 시간 이내로 제한하고, 매일 한 시간 이상의 신체활동을 적극적으로 할 수 있도록 일상생활에서 신체활동을 늘리는 방법을 교육한다.

✏️ 해설

행동변화단계모델의 구성 개념
① 행동변화단계 : 고려전, 고려, 준비, 행동, 유지
② 변화과정 : 고려전단계(의식증가, 극적인 안심, 환경 재평가), 고려단계(자신 재평가), 준비단계(자신방면), 행동단계(자극조절, 대체조절, 보상관리, 조력관계), 유지단계
③ 의사결정 균형
④ 자아효능감

1. A 영양교사는 학생들을 대상으로 김치에 대해 다음과 같이 영양교육을 실시하고자 한다.

> ○ 교육 대상: 초등학교 5~6학년
> ○ 교육 차시: 1차시
> ○ 교육내용
> · 김치의 영양성분
> · 김치의 항산화성
> · 김치의 질병 예방 효과
> ○ 평가 내용
> · 김치에 함유된 영양소와 관련된 지식
> · 김치의 기능적 특성과 관련된 지식
> · 김치 섭취와 관련된 식태도

교육 내용과 평가 내용을 근거로 1차시 영양교육의 목표를 1가지만 제시하시오. 그리고 대조군과의 비교는 불가능한 상황에서 영양교육의 효과 평가에 사용할 수 있는 방법은 무엇인지 쓰시오. [3점]

🖉 정답

① 교육 후 대상자의 90%는 김치에 들어있는 영양소를 1가지 이상을 말할 수 있다.
② 교육전후비교 연구

🖉 해설

① 교육전후비교 연구는 교육군만 있으므로 학생들의 영양교육 전 영양지식, 태도, 행동을 평가한 자료와 영양교육 후 학생들의 영양지식, 태도, 행동 등을 평가한 후 비교함
② 영양교육의 목적, 목표 설정
   첫째, 누가, 무엇을 얼마나, 언제까지 이룰 것인지 분명하게 서술한다.
   둘째, 효과를 평가할 수 있게, 측정할 수 있는 형태를 서술한다.
   셋째, 대상자들이 영양교육 후 도달할 수 있는 실현 가능한 수준으로 서술한다.
   넷째, 세부적인 여러 목표를 달성했을 때, 영양교육의 전체 목적에 달성할 수 있게 체계적으로 세운다.

2015년도 기출문제 A형 / 기입형

1. 다음은 영양교사와 비만 학생의 상담 내용이다. 밑줄 친 ㉠, ㉡은 상담 기술 중 어떤 기술을 활용한 것인지 순서대로 쓰시오. [2점]

> 영 양 교 사 : 잘 지냈어요? 어제 나눠 준 식사 일지 가지고 왔지요? 작성해 온 식사 일지를 우리 한 번 살펴볼까요?
>
> 학   생 : 선생님! 저는 왜 이렇게 해야 하는지 모르겠어요. 먹은 것을 일일이 쓰기도 귀찮고 아무 의미도 없는 것 같아서요.
>
> 영 양 교 사 : ㉠ 식사 기록의 목적을 모르겠다는 말이지요?
>
> 학   생 : 네, 모르겠어요. 식사 내용을 일일이 기록하는 것도 힘들고, 왜 필요한지 모르겠어요.
>
> … (중략) …
>
> 학   생 : 인터넷이나 친구 얘기를 들어 보면, 굶으면 쉽게 살을 뺄 수 있다고 하던데요. 입에서 냄새가 좀 난다고 하는데, 그래도 굶으면 날씬해지잖아요.
>
> 영 양 교 사 : 왜 살을 빼려고 생각했는지 다시 얘기해 줄래요?
>
> 학   생 : 날씬하면 멋지잖아요. 텔레비전에 나오는 언니 오빠들을 보면 다 날씬해요. 그리고 친구들도 마른 사람을 좋아하고…….
>
> 영 양 교 사 : ㉡ 그러니까, 친구들에게 멋진 사람으로 보이고 싶어서 살을 빼려고 하고, 굶으면 쉽게 살을 뺄 수 있으니까 입에서 냄새가 나도 괜찮다는 얘기군요?

정답

㉠ 명료화   ㉡ 부연설명

해설

① 명료화는 내담자가 모호한 말을 했을 때 상담자가 그 안에 있는 의미나 관계를 질문을 통해서 명확하게 해 주는 과정임

② 부연설명은 내담자의 메시지를 상담자의 언어로 다시 한번 말해주거나 문장으로 나타내 보이는 것을 말함

1. 다음은 ASSURE 모형을 적용한 '올바른 식생활 관리' 영양 수업의 일부이다. 밑줄 친 ㉠에서 고려해야 할 매체 선정 기준 중에서 3가지만 설명하시오. 그리고 ㉡에 해당하는 절차를 쓰시오. [5점]

절차	내용
학습자 분석	○ 학생의 연령, 학력 등 일반적 특성, 지적 수준을 분석하였다.
목표 진술	○ '패스트푸드의 문제를 인식하고, 올바른 식생활에 관한 지식과 태도를 갖는다.'로 목표를 제시하였다.
㉠ 매체와 자료의 선정	○ 수업을 위한 매체로 '올바른 식생활에 관한 리플릿, 패스트푸드의 위험성에 관한 동영상, 패스트푸드의 영양 성분에 관한 프레젠테이션 자료'를 선정하였다.
매체와 자료의 활용	○ 수업에 사용하기 전에 매체들의 내용을 확인하고, 시연한 뒤, 수업에 활용하였다.
㉡	○ 패스트푸드의 위험성에 관한 동영상을 보고 느낀 점을 조별로 정리하여 발표하게 하였다.
평가와 수정	○ 수업에 활용한 매체를 평가하였다.

정답

① ㉠의 매체 선정 기준은 첫째, 영양교육의 목적과 목표에 매체가 적합하여야 하며, 매체의 내용 및 난이도. 용어의 수준, 제시방법 등이 대상자의 특성에 맞아야 하고, 둘째, 매체에 삽입된 그림, 음악 등이 전체적인 구성과 균형을 유지해야 한다. 셋째, 제공되는 정보가 과학적 근거를 가지는 신뢰성이 있어야 한다.
② ㉡ 학습자 참여 유도(Require learner participation)

해설

① ASSURE 모형은 효과적인 매체를 개발할 때 고려해야 하는 요소들을 6단계로 구성함
- 학습자 분석(Analyze learners)
- 목표진술(State objectives)
- 매체와 지료의 선정(Select media materials)
- 매체와 자료의 활용(Utilize media and materials)
- 학습자 참여의 유도(Require learner participation)
- 평가와 수정(Evaluate and revise)
② 매체의 선정 기준은 적절성, 구성과 균형, 신뢰성, 경제성, 효율성, 편리성, 기술적인 질, 흥미임

1. 다음은 가네(R.Gagné)와 브리그스(L. Briggs)의 '단위 수업을 위한 9가지 수업 사태'에 근거하여 설계한 '나트륨 줄이기'의 교수·학습활동이다. ㉠. ㉡, ㉢에 해당하는 단계를 순서 대로 쓰고, ㉡ 단계에 해당하는 교수·학습활동을 1가지만 쓰시오. [5점]

수업 사태	교수·학습 활동
주의집중	○ '나트륨 줄이기' 관련 동영상 자료를 보여준다.
학습목표 제시	○ '식품의 나트륨 함량을 알고, 나트륨 함량이 적은 식품을 선택할 수 있다.' 로 학습 목표를 제시한다.
㉠	○ '나트륨 줄이기' 학습을 위해 필요한 지식을 상기시킨다.
자극자료 제시	○ 여러 가지 식품을 보여 주며 식품의 나트륨 함량을 알려준다.
학습 안내 제공	○ 식품의 '영양 표시'에서 나트륨 함량을 찾도록 안내한다. ○ 여러 가지 식품을 나트륨 함량이 적은 식품과 많은 식품으로 나누어 보도록 안내한다.
수행 유도	○ 여러 가지 식품 중에서 나트륨 함량이 적은 식품을 선택하도록 한다.
㉡	○
수행 평가	○ 학습 목표 성취도를 확인하기 위하여 학생들에게 식품의 나트륨 함량 관련 퀴즈를 풀게 한다.
㉢	○ 식품의 나트륨 함량에 대해 다시 알려준다. ○ 배운 내용을 토대로 식사 일지에서 나트륨 함량이 많은 식품을 적은 식품으로 바꿔 보는 활동을 수행하게 한다.

🖉 정답

① ㉠ 선수학습 상기   ㉡ 피드백 제공   ㉢ 파지와 전이
② ㉡ 나트륨 함량이 적은 식품을 선택한 것을 보고 정답 여부와 피드백을 제공한다.

🖉 해설

① 가네와 브릭스(Gagne and Briggs)의 단위 수업을 위한 교수설계 모형은 체계적 설계의 관점에서 학습자의 내적 인지 과정에 맞추어 9가지 수업사태를 계열화해서 제시함
- 주의 집중
- 학습목표제시
- 선수학습 상기
- 자극자료 제시

- 학습안내 및 지도
- 수행 유도
- 피드백 제공
- 수행 평가
- 파지와 전이

② 피드백 제공
- 학습자의 성취 수행은 주어진 질문에 대한 반응에 피드백을 제공할 때 강화됨
- 학습내용과 관련하여 정답 여부 피드백, 설명적 피드백, 교정적 피드백 등을 제공할 수 있음
- 제시 방식 면에서는 음성적 피드백, 문자, 도형 등의 피드백도 활용될 수 있음

2016년도 기출문제 A형

1. 다음은 영양교육 이론 중 건강신념 모델을 적용한 사례이다. 이 모델의 구성 요소(또는 개념) 중 밑줄 친 내용에 해당하는 것을 쓰시오. [2점]

> 현석이는 14살 남자 중학생으로 신장 160cm, 체중이 80kg이고 햄버거, 탄산음료, 피자, 아이스크림, 라면 등의 고열량·저영양 식품들을 좋아하며 자주 섭취한다. 얼마 전 의사로부터 현재 비만이고 고지혈증의 위험도 있으므로 체중을 줄여야 건강해질 수 있다는 이야기를 들었다. 현석이는 영양교사와의 상담을 통해 좋아하는 고열량·저영양 식품들의 섭취 빈도를 줄여 1일 총 에너지 섭취량을 500kacl 정도 낮췄다. 그 결과 현석이는 체중을 4주간 2kg 감량하였고, 의사와 주변 친구들과 현석이의 체중 감량을 많이 칭찬해 주었다. <u>현석이는 자기가 좋아하는 고열량·저영양 식품들을 예전같이 자주 먹지 못하는 것은 아쉽지만, 조금만 참으면 체중을 줄일 수 있다는 것을 알게 되었으며, 자기도 체중 조절을 할 수 있다는 확신이 생겼다.</u> 따라서 현석이는 힘들어도 자기가 좋아하는 고열량·저영양 식품의 섭취를 앞으로는 조금씩 줄여 나가기로 결심하였다.

✎ 정답

자아효능감(자신감)

✎ 해설

건강신념 모델의 개념은 인지된 민감성(perceived susceptibility), 인지된 심각성(perceived severity), 행동변화에 대한 인지된 이득(perceived benefits), 행동변화에 대한 인지된 장애(perceived barriers), 행동계기(cues to action), 자아효능감(self-efficacy)으로 구성되어 있음

2. 다음 사례에서 나타난 영양상담 이론(또는 영양상담 접근법)의 명칭을 쓰시오. [2점]

> 준영이는 중학교 1학년 남학생이지만, 신장 144 cm, 체중 35 kg으로 또래 친구들보다 성장이 늦은 편이다. 준영이는 편식이 심하고 특히 유제품을 즐겨 먹지 않는다. 영양교사는 준영이와 상담 후 식습관 개선이 필요하다고 판단하였다. 이에 영양교사는 친구들 사이에 인기 있으며 식습관이 좋은 민준이를 소개해 주었다. 친구 민준이는 신장 165 cm, 체중 52 kg이다. 준영이는 민준이가 유제품으로 하루에 우유 400 ㎖와 치즈 1장을 먹는 다는 것을 알고, 자기도 유제품을 매일 먹는 민준이의 식습관을 닮아 가기로 하였다.

✎ 정답
행동요법

✎ 해설
① 행동요법은 내담자의 행동수정에 초점을 두며, 개인의 행동은 학습되는 것으로 환경이나 주위 사람들의 영향에 따라 달라짐
② 행동요법에 쓰이는 기본적인 학습원리는 operant conditioning, 모방, 모델링임

9. 다음은 영양교사의 식생활 관련 지도 내용이다. (가)와 (나)에서 사용한 영양교육 방법의 명칭을 순서대로 쓰고, 각각의 장점 1가지를 순서대로 서술하시오. [4점]

(가)	(나)
주제 : 다도(茶道) 대상 : 중학생 20명 ○ 차, 다기 등을 손쉽게 사용할 수 있도록 교사가 미리 준비함. ○ 차 끓이는 법과 다기 사용법 등 다도에 대해 단계적으로 설명함. ○ 다도의 전 과정을 교사가 본보기로 보임.	주제 : 외국 친구를 위한 초대상 차리기 계획 대상 : 중학생 12명 ○ 진행자를 정하고 진행 시간은 15분으로 함. ○ 학생 모두가 상차림에 대한 의견을 자유로이 제시하도록 함. ○ 우스꽝스러운 의견이라도 비판하지 않음. ○ 여러 의견 중 가장 적절한 의견을 선정함.

✎ 정답

① (가) 방법시범교수법　(나) 브레인스토밍(두뇌충격법)

② (가) 방법시범교수법의 장점은 참가자의 이해정도를 확인하면서 방법을 천천히 단계적으로 보여 주면서 교육하는 방법으로 교육효과가 크다.

　(나) 브레인스토밍의 장점은 단시간에 많은 아이디어가 나오며 참여도가 높아지고, 단결과 실천이 잘된다.

✎ 해설

① 시범교수법(demonstration)은 방법, 실물, 경험담 등을 사용하여 직접 보여주면서 교육하는 법으로 방법시범교수법과 결과시범교수법이 있음

② 브레인스토밍(brain storming)은 자유롭게 아이디어를 제시해 그 가운데서 문제에 대한 최선책을 찾아내는 방법

2016년도 기출문제 B형

1. 다음은 영양교사가 학생의 병원 검진 자료를 바탕으로 영양상담을 실시하여 기록한 내용이다. 이 상담 내용을 SOAP 형식에 맞추어 기록할 때 '판정(assessment)'에 해당하는 항목의 기호를 모두 쓰시오. 또한 이 상담 내용 중 문제점을 개선하기 위해 학생이 식생활에서 실천할 수 있는 '계획(plan)'을 1가지 서술하시오(단, 계획 수립 시 '판정'과 '객관적 자료(objective data)'만을 바탕으로 할 것). [4점]

> (ㄱ) 성별 : 여, 연령 : 16세
> (ㄴ) 운동을 좋아하지 않음.
> (ㄷ) 1일 에너지 섭취량 : 1일 에너지 필요추정량의 70%
> (ㄹ) 혈청 트랜스페린(transferrin) 포화도 : 10%
> (ㅁ) 혈청 헤모글로빈(hemoglobin) : 9 g/100 ㎖
> (ㅂ) 공복 혈당 : 90 mg/100 ㎖
> (ㅅ) 당화혈색소(HbAlc) : 적절함.
> (ㅇ) 여자 연예인들의 마른 몸매를 동경하며 자신이 과체중이라고 늘 생각함.
> (ㅈ) 단백질의 에너지 구성 비율 : 15%

📝 정답

① 판정(A) : (ㄷ), (ㅅ)
② 계획(P)
- 장기목표 : 에너지 섭취를 늘린다(하루 2,000 kcal)
- 세부목표
  - 매끼 밥 섭취량을 1공기로 늘리고 잡곡밥으로 바꾼다.
  - 매끼 식사 시 단백질 반찬을 섭취한다.

📝 해설

① SOAP
- S(주관적 정보) : (ㄱ), (ㄴ), (ㅇ)
- O(객관적 정보) : (ㄹ), (ㅁ), (ㅂ)
- A(영양판정) : (ㄷ), (ㅅ)
- P(계획) : (ㄹ), (ㅁ), (ㅂ), (ㅈ)

② 학생의 주관적, 객관적 정보를 이용하여 영양판정을 하면 빈혈, 에너지 섭취 부족
- 혈청 트랜스페린(transferrin) 포화도는 정상 35%, 부족 15% 이하
- 혈청 헤모글로빈(hemoglobin)은 12g 이상이면 정상

1. 다음은 영양·건강 관련자 교육 프로그램 사례이다. (가)와 (나)에 해당하는 교육 방법의 유형을 순서대로 쓰시오. [2점]

(가)	(나)
주제: 아동의 영양 관리와 상담 [참석자] - 사회자 : ○○○ - 연사 : 식품영양학 교수, 교육학 교수, 전문 상담사 - 대상자 : 영양교사 30명 [주제 발표] - 식품영양학 교수 : 아동의 영양문제와 맞춤형 영양 관리 - 교육학 교수 : 아동의 특성과 상담 기법 - 전문 상담사 : 아동 대상 영양상담 사례 [실습 및 토의] - 영양교사들을 소그룹으로 나누어 내담자와 상담자로 짝을 지음. - 상담 기법을 활용하여 상담 실습을 수행함. - 그룹별 토의 후 결과를 분석함. [발표 및 결론] - 실습 및 토의한 결과를 발표하고 연사들과 토의하여 최종 결론을 내림.	**주제: 청소년 체중 관리** [참석자] - 좌장 : ○○○ - 연사 : 가정의학 전문의, 한의학 박사, 식품영양학 교수, 임상심리사 체육학 교수 - 청중 : 200명(영양교사, 임상영양사, 식품 관련 연구원, 생활체육사) [주제 발표] - 가정의학 전문의 : 청소년 비만 및 저체중의 원인과 위험성 - 한의학 박사 : 체질에 따른 체중 관리법 - 식품영양학 교수 : 청소년의 체중 관리를 위한 영양 관리 및 사례 발표 - 임상심리사 : 행동 수정을 활용한 청소년 체중 관리 방안 - 체육학 교수 : 비만 및 저체중 청소년의 운동 처방법 [질의 응답] - 각계 연사와 청중 사이에 질의 응답 및 토의를 반복함. [결론] - 좌장이 토의 내용을 정리함.

✎ **정답**

(가) 연구집회(workshop)

(나) 강단식 토의(symposium)

✎ **해설**
----

① 연구집회
- 공통적인 문제를 서로 경험하고 연구하고 있는 것을 발표, 토의함
- 특별한 일을 수행하는데 필요한 기술과 방법들을 배우고 활동이나 실천에 중점을 둔 집회

② 강단식 토의
- 한 가지 논제를 다루며, 전문 경험이 많은 교육자 4~5명이 서로 다른 관점에서 주제를 발표
- 교육자들 상호간에는 토의하지 않고, 참가자(청중)들과 토의

9. 다음은 영양교사가 준비 중인 영양교육 결과 보고서의 일부이다. 이 자료를 이용하여 〈작성 방법〉에 따라 순서대로 서술하시오. [4점]

〈영양교육 결과 보고서〉

○ 교육대상 : ○○여자고등학교 1학년 120명
○ 교육 목표 : 지방의 이해와 올바른 섭취
○ 교육 기간 : 주 1회(50분/차시), 4차시
○ 결과

[교육 전과 교육 후의 변화 정도]

측정 내용	평균값	
	교육 전	교육 후
① 혈중 중성지방(mg/dL)	85.5	82.4
② 지방의 종류 및 기능(10점 만점)	6.8	7.0
③ 체중(kg)	56.0	55.6
④ 고지방 식품 대신 저지방 식품 선택 빈도(회/주)	1.5	2.1
⑤ 체지방률(%)	22.5	21.5
⑥ 지방 섭취와 건강관리법(10점 만점)	6.4	6.7
⑦ 패스트푸드 섭취 횟수(회/주)	3.5	3.3

〈작성 방법〉

○ 이 보고서의 영양교육 평가 방법을 제시하고, 왜 그 평가 방법에 해당하는지 이유를 서술할 것
○ 표의 측정 내용을 3가지 항목으로 분류하여, 그 항목의 명칭과 각 항목에 해당하는 측정 내용의 번호를 제시할 것

✎ **정답**

교육 전후 비교 연구, 영양교육 전후의 영양지식, 식행동(식습관), 건강상태를 비교하였다.
㉠ 영양지식 : ②, ⑥   ㉡ 식행동(식습관) : ④, ⑦   ㉢ 건강상태 : ①, ③, ⑤

✎ **해설**

영양교육의 효과 평가 측정항목은 영양지식, 식태도, 식행동, 건강상태(신체계측치의 변화, 생화학적 수치의 변화, 질병의 유병율 등의 변화)임

1. 다음은 ○○중학교에서 실시한 식습관 조사 결과와 이를 근거로 계획적 행동이론을 적용하여 작성한 영양교육 계획서의 일부이다. 이 이론과 관련된 내용을 〈작성 방법〉에 따라 서술하시오. [4점]

〈식습관 조사 결과〉

식품 섭취 빈도(회/주)와 기호도에 대해 조사한 결과, 특히 생선은 섭취 빈도와 기호도가 낮았다. 기호도가 낮은 이유는 다음과 같다.

○ 맛이 없어서
○ 생선 섭취의 장점을 몰라서
○ 주위에서 생선을 먹지 않아서
○ 생선 섭취 후 냄새가 난다고 놀림을 당해서
○ 생선을 섭취할 기회가 적어서
○ 생선이 익숙하지 않아 두려워서
○ 생선보다 고기를 더 좋아해서

〈영양교육 계획서〉

○ 교육 목표 : 주 2회 생선 섭취
○ 교육 대상 : ○○중학교 2학년 120명
○ 목표 달성 방안 :

　　㉠ 학교급식에서 생선 반찬을 먹을 때 영양교사에게 칭찬과 격려를 받게 한다.

　　㉡ 친한 친구들이 생선을 맛있게 먹는 것을 보여준다.

　　… (하략) …

〈작 성 방 법〉

○ 계획적 행동이론 중 주관적 규범을 구성하는 요소 2가지를 제시할 것
○ 제시된 목표 달성 방안 ㉠과 ㉡은 주관적 규범 2가지 요소 중 각각 어디에 해당하는 것인지 그 이유와 함께 서술할 것

정답

① 규범적 신념, 순응동기
② ㉠은 생선 반찬을 먹을 때 영양교사의 칭찬과 격려는 주변인의 지지를 나타내므로 규범적 신념이고, ㉡은 친한 친구들이 생선을 맛있게 먹는 것을 보고 주변인의 긍정적인 행동에 순응 동기이다.

해설

① 계획적 행동 이론은 행동을 결정짓는 요인은 행동에 대한 태도(개인적요인), 주관적 규범(사회적요인), 인지된 통제력(통제적요인)의 세 요인으로 구분함
② 주관적 규범은 개인의 행동 수행에 대해 주변인이 얼마나 지지 또는 반대하는지 나타내며, 개인의 행동수행에 대한 주변인의 영향력을 의미함
  • 규범적 신념 : 개인에게 중요한 주변인이 자신의 행동을 얼마나 지지할 것인지 반대 할 것인가에 대한 개인의 생각을 말함
  • 순응 동기 : 개인이 주변인의 의견에 얼마나 따르려는지 나타냄

2. 다음은 여고생 영희와 영양교사의 영양상담 내용이다. 밑줄 친 부분에서 활용한 영양상담 기법의 명칭을 쓰고, 이 기법의 유의사항 3가지를 서술하시오. [4점]

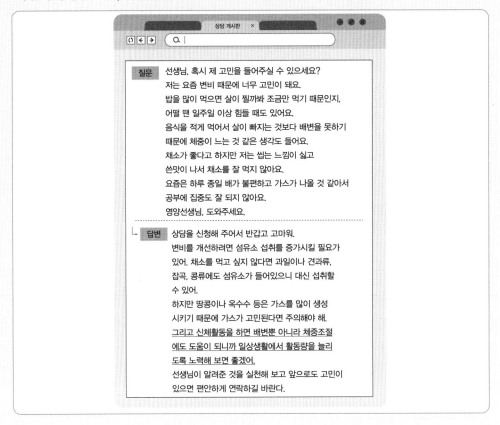

✏️ **정답**

① 조언
② 조언의 유의사항은 첫째, 내담자에게 타당한 정보를 제공해야 하고, 둘째, 상담자 자신의 주관적인 판단에 따른 조언은 가능한 제한해야 한다. 셋째, 조언하더라도 암시적으로 해야 한다.

✏️ **해설**

① 상담자의 조언은 자칫하면 내담자에게 반발과 저항을 초래하게 되므로 내담자가 조언을 요구할 때 하는 것이 좋음
② 상담의 마지막 단계에서 실제 환경에서 새로운 환경을 효과적으로 시도하도록 조언하는 것은 상담에서 중요한 기능임

1. 다음은 학교 현장에서 이루어지는 영양교육 사례이다. 밑줄 친 ㉠, ㉡에 해당하는 수업 방법의 명칭을 순서대로 쓰시오. [2점]

> 미래초등학교에서 학교급식 잔반을 조사한 결과, 잔반의 대부분이 채소 반찬인 것으로 나타났다. 이에 영양교사는 채소 편식을 줄이기 위하여 영양교육 수업 시간에 '채소 섭취 증가하기'를 주제로 수업을 하였다. … (중략) … 교육을 위하여 ㉠ <u>학생 중 1명은 영양교사가 되고 영양교사는 학생이 되어 급식에 나온 채소 반찬을 먹지 않으려고 피하는 상황을 소재로 연극을 하였다.</u>
>
> … (중략) …
>
> 다음 차시 수업은 '채소의 다양한 영양소와 건강'을 주제로 ㉡ <u>영양교사의 인솔하에 학생들이 '건강 어린이 박람회'에 갔다.</u> 학생들은 바른 식생활을 배울 수 있는 식생활 안전관을 방문하여 계절·산지별 신선한 채소의 건강상 이점을 알아보고 채소 섭취의 중요성을 이해한 후 보고서를 제출하도록 하였다.
>
> … (하략) …

정답

㉠ 역할연기법(연습 우발극)   ㉡ 견학

해설

① 역할연기법(연습 우발극)은 극중 상황을 자기화하므로 관심, 의욕 형성, 참여도가 높아짐

② 견학은 교육 장소를 실제 현장으로 옮겨 직접 관찰을 통해 교육시키는 방법으로 견학 후 사후지도로 견학의 목적, 관찰내용, 성과 등을 기록하여 보고서를 제출하게 함

12. 다음은 행동변화단계 모델(범이론적 모델)을 적용한 영양교육 사례이다. 〈작성 방법〉에 따라 서술하시오. [4점]

> 중학교 1학년 명호는 학생건강검사에 비만으로 판정받았다. 영양교사는 명호와 영양상담을 하면서 명호의 식습관 중 아침을 굶고 점심에 과식하는 식습관을 고치는 것이 필요하다는 것을 파악하고 지난 1달간 명호에게 영양교육을 하였다. 교육 기간 동안 명호는 아침을 매일 먹어야 한다는 것을 깨닫고 우선 일주일에 3일 이상 아침 먹기를 시도하였다. 따라서 영양교사는 명호에게 '매일 아침 식사하기' 실천 계약서를 스스로 작성하게 하였다.

〈작성 방법〉

ㅇ 주어진 사례를 바탕으로 명호가 현재 행동변화단계 모델의 어느 단계에 있는지를 유추하여 쓰고, 그렇게 판단한 근거를 제시할 것
ㅇ 밑줄 친 부분에서 명호가 다음 단계로 가기 위한 변화 과정(process of change)에 적용한 행동수정 방법(전략)의 명칭을 쓰고, 그 의미를 서술할 것

✎ 정답

① 준비단계, 행동을 바꾸려는 의향이 있으며 일부 행동을 시도하고 있으며 실천 계약서를 작성하였다.
② 자기방면, 할 수 있다는 자신감으로 행동변화를 결심하고 약속하게 한다(의사결정, 계약서 작성 등을 이용한다).

✎ 해설

① 행동변화단계는 5단계로 고려전, 고려, 준비, 행동, 유지단계가 있음
② 준비단계는 가까운 장래(1개월 이내)에 행동을 바꾸려는 의향이 있는 단계이므로, 중재는 행동을 위한 구체적 계획 설계 및 단기 목적 설정을 도우며 기술을 제공함

1. 다음은 영양교사와 고등학교 1학년 미영의 5번째 영양상담 상황이다. 다이어트를 시도 중인 미영은 현재 비만이며 매번 반복되는 식사조절 실패로 좌절하여 영양교사를 찾아왔다. 〈작성 방법〉에 따라 서술하시오. [4점]

> 미　　　영 : 선생님, 저도 나름대로 살을 빼려고 노력 중인데 어제 친한 친구들이 살이 더 찐 것 같다고 여러 번 말하는 바람에 저도 모르게 눈물이 났어요.
>
> 영 양 교 사 : ㉠ 아무리 친한 친구지만 속상했겠어요.
>
> 미　　　영 : 규칙적으로 식사하고 운동하면서 살을 빼고 싶지만 이번 주에도 못 뺐거든요. 다이어트가 힘들어요.
>
> 영 양 교 사 : (㉡ 부드러운 표정으로 고개를 끄덕이며) 다이어트가 많이 힘들지요.
>
> 　　　　　　　… (중략) …
>
> 미　　　영 : 이번엔 폭식으로 실패한 것 같아요. 식사조절로 인한 스트레스 때문에 참다가 자꾸 폭식을 하고 말아요.
>
> 영 양 교 사 : (㉢ 미영 쪽으로 몸을 기울이며) 식사조절로 인한 스트레스가 문제인 것 같다는 말이지요?
>
> 　　　　　　　㉣ _____

〈작성 방법〉

○ 미영의 진술에 대해 영양교사가 밑줄 친 ㉠에서처럼 '반영'을 사용하여 반응한 이유를 서술할 것

○ 밑줄 친 ㉡, ㉢에서 영양교사가 사용하는 비언어적 행동의 의미를 순서대로 서술할 것

○ 밑줄 친 ㉣에 미영이 가진 문제를 심층적으로 알아보기 위한 '개방형 질문'을 1가지 서술할 것

✎ **정답**

① 반영은 내담자의 자기 이해를 도와줄 뿐만 아니라 내담자로 하여금 자기가 이해받고 있다는 인식을 주게 된다.

② ㉡ (고개 끄덕임)은 수용의 의미로 내담자에게 주의를 기울이고 있으며, 내담자의 말을 알아듣고 있다는 상담자의 태도를 나타내는 것이다.

㉢ (미영 쪽으로 몸을 기울이며)은 부연설명으로 상호간의 의사 전달에 마음이 열려있음을 의미한다.

③ ㉣ 폭식을 어떻게 하는지 이야기 해주세요? 식사조절 할 때 어떤 것이 가장 힘든지요?

해설

---

① 수용은 내담자에게 주의를 기울이고 있으며, 내담자의 말을 받아들이고 있다는 상담자의 태도를 나타내는 것

② 부연설명은 간단하면서도 객관적인 입장에서 이야기 할 수 있어서 상담기법에서 많이 쓰임

③ 개방형 질문은 답변이 열려있어 내담자의 관점, 의견, 사고, 감정까지 끌어내 친밀감을 형성할 수 있음

8. 다음은 청소년을 대상으로 한 영양교육 계획이다. 〈작성 방법〉에 따라 논술하시오. [10점]

〈우유 마시기 식생활 교육〉

○ 대상 : 평화고등학교 전교생 중 1일 우유 섭취량이 2컵 미만이며 본인이 참여를 원하고 보호자의 동의를 받은 학생

○ 목표 : 교육 후 대상자의 60%가 우유를 1일 2컵 이상 섭취한다.

    ※ 교육 대상자 사전 조사 결과

    1일 평균 우유 섭취량 0.3컵, 1일 2컵 이상 우유 섭취 학생 비율 0%

○ 기간 : 2018년 1학기

○ 내용

  - ㉠ 영양교육(주 1회 50분 수업)

  1일 우유·유제품 섭취 권장량, 간식으로 단 음료 대신 우유 마시기

  - ㉡ 학교 급식

    점심 급식에 흰 우유를 제공, 급식실 벽에 우유 섭취 시 얻을 수 있는 건강상 이점에 대한 교육 자료 부착

  - ㉢ 가정교육 협조 요청

    가정에서도 우유를 제공하여 학생이 섭취할 수 있도록 해 달라는 내용을 가정통신문을 통해 전달

○ 교육 전·후 평가

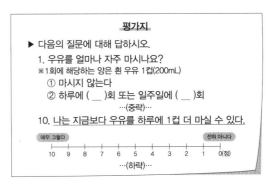

<작성 방법>

ㅇ 사회인지론(social cognitive theory)을 적용하여 영양교육의 계획, 실행, 평가를 수행할
때 각 단계에서 적용하고자 하는 구성 요소와 의미를 순서대로 논술할 것

ㅇ 영양교육 계획 시 행동수행력(behavioral capability) 구성 요소를 적용할 때 지식과 기술
(skills)을 향상시키기 위해 ㉠에 추가할 수 있는 교육내용을 각각 1가지씩 서술할 것

ㅇ 영양교육 실행과정에서 ㉡, ㉢에 공통으로 적용된 사회인지론의 구성 요소를 쓰고, 그 요
소가 중요한 이유를 서술할 것

ㅇ 영양교육 효과 평가 시 '평가지'에 밑줄 친 10번 문항에서 측정하고자 하는 사회인지론의
구성 요소를 쓰고, 그 의미를 서술할 것

ㅇ '평가지' 개발 시 우유 섭취에 대한 사회적 지지(social support)를 평가할 수 있는 문항 2
가지를 제시할 것

📝 정답

① 사회인지론은 식행동과 관련된 요인을 파악할 때 유용하고 영양교육을 계획할 때 방법과 전략을
제시하므로, 건강 및 영양교육에서 널리 활용하고 있다. 영양교육의 요구도 조사에서 개인적 요인
(인지적 요인)은 행동결과에 대한 기대(인식), 자아효능감의 정도를 파악하고, 행동적 요인에서는
행동수행력을 분석하고, 환경적 요인에서는 물리적, 사회적 인식 환경. 왜곡된 인식 등을 파악한다.

② ㉠ 행동수행력은 실제로 행동할 수 있는 능력으로 행동관련 지식과 기술을 말한다. 지식은 우유
가 몸에 좋은 점(칼슘). 기술은 우유 음식 만들기, 또는 영양표시 읽기 등을 통한 흰 우유 선택하기

③ ㉡, ㉢은 환경적 요인 중 환경으로 인간의 행동은 주위환경에 영향을 받으므로 영양교육에서 대상
자의 식행동에 영향을 미치는 주요한 주변인이 누구인지, 이들이 어떻게 건전한 식습관 형성에 도
움을 줄 것인지 격려해야 하고, 영양교육을 실시할 때는 개인적인 요인뿐만 아니라 물리적, 사회
적 환경의 변화를 위해서도 노력을 해야 한다.

④ 자아효능감, 행동을 수행하는데 대한 개인의 신념을 말한다.

⑤ 평가지 ① 학교급식에서 우유를 제공하는지　② 학교 매점에서 우유를 판매하는지

📝 해설

사회인지론을 적용한 영양교육의 계획, 실행에서 첫째, 계획 시에는 행동결과에 대한 기대로는 행
동 수행시의 긍정적 결과를 인식하게 단기목표를 설정하고, 목표를 현실적으로, 행동은 단계별로
나누어 연습, 훈련하여 칭찬, 보상 등을 활용하여 자아효능감을 높임

둘째, 실행 시에는 행동 수행력 키우기 위해 영양 지식을 알려주고, 식품선택, 메뉴선택을 현명하게 하
고 조리 능력 배양 등 건전한 식행동을 실천하는 방법을 습득하게 하고, 관찰학습, 강화, 보상, 모니터
링(문제점 분석), 계약서 작성, 목표설정, 행동실천, 평가 등을 통해 자신의 영양관리를 스스로 하게 함

1. 다음은 계획적 행동이론을 적용한 영양교육 사례이다. 밑줄 친 ㉠, ㉡에 해당하는 행동의도 (의향)를 결정하는 요인의 명칭을 순서대로 쓰시오. [2점]

> 중학교 2학년 지우는 평소에 변비로 고생하고 있다. 영양교사는 영양상담을 하면서 지우 가 평소 채소를 거의 섭취하지 않는다는 것을 알았고, 지우의 채소 섭취에 대한 의도를 높이 고자 영양교육을 하였다. 한 학기 동안 영양교육을 한 결과, 지우는 ㉠ 이전과 달리 좋아하지 않는 채소가 급식에 나올 때도 쉽게 먹을 수 있게 되었다고 했다. 또한 ㉡ 한 학기 동안 채소 를 섭취하게 되면서 변비 증상이 사라졌다는 확신을 갖게 됨으로써 앞으로도 채소 먹기를 실 천하고 싶다는 마음이 들었다고 영양교사에게 말했다.

📝 정답

㉠ 행동에 대한 태도
㉡ 인지된 행동 통제력

📝 해설

행동을 결정짓는 요인

① 행동에 대한 태도(개인적인 요인) : 어떤 특정 행동에 대해 개인이 갖는 긍정적 또는 부정적인 느 낌을 말함(행동 결과에 대한 신념, 행동결과에 대한 평가)
② 주관적 규범(사회적 요인) : 개인의 행동수행에 대한 주변인의 영향력을 의미(규범적 신념, 순응 동기)
③ 인지된 행동 통제력(통제적요인) : 행동을 저해하는 요인이나 상황에서 얼마나 행동을 통제할 수 있는지를 말함(통제적 신념, 인지된 영향력)

1. 다음은 영양교육 매체의 효과적인 개발과 활용을 위한 **ASSURE** 모형의 각 단계에서 해야 할 활동의 일부이다. (가) ~ (바)를 모형 단계에 맞게 순서대로 배열하고 (가) 단계에서 분석해야 하는 내용 2가지를 서술하시오. [4점]

〈ASSURE 모형의 단계별 활동 내용〉

단계	활동 내용
(가)	교육 대상자를 분석한다.
(나)	매체를 선정하고 제작한다.
(다)	교육 대상자의 반응을 확인한다.
(라)	준비한 동영상 자료를 사전에 검토한다.
(마)	교육 목표 달성에 대한 매체 사용의 기여도 및 학습 효과를 평가한다.
(바)	교육이 끝났을 때 학습자가 보여줄 수행을 중심으로 영양교육의 목표를 설정하다.

✏ 정답

① (가), (바), (나), (라), (다), (마)
② 학습자 분석(Analyze learners)
- 교육자는 교육대상자의 일반적 특성을 파악(연령, 학력, 직업, 기호, 경제적 수준, 사회문화적 환경 등)
- 문제점, 요구와 지적 수준 등을 파악해야 한다.

✏ 해설

① ASSURE 모형의 각 단계
　(가) 학습자 분석(Analyze learners)
　(바) 목표진술(State objectives)
　(나) 매체와 지료의 선정(Select media materials)
　(라) 매체와 자료의 활용(Utilize media and materials)
　(다) 학습자 참여의 유도(Require learner participation)
　(마) 평가와 수정(Evaluate and revise)
② 일반적 특성 : 연령, 학력, 직업, 기호, 경제적 수준, 사회문화적 환경 등

5과목
영양교육

8. 다음은 ○○중학교 영양교사가 사용한 영양교육 수업 교수·학습 지도안의 일부이다. 〈작성 방법〉에 따라 서술하시오. [4점]

〈교수·학습 지도안〉

2019년 ○월 ○일 ○교시		학년	1	지도 교사 : 김○○	
단원	청소년기 영양	학습 방법	강의식, 토의식	차시	1/4
주제	채소섭취의 중요성	대상	남학생 150명	장소	1-1~1-5 각 학급 교실
학습목표	• ㉠ 다양한 채소 섭취의 이로운 점을 설명할 수 있다.				

학습 과정	교수·학습 활동	
	교사	학생
탐구 활동	• 다양한 잡지, 책에 나와 있는 채소 섭취의 이로운 점 탐색 • 모둠별 탐구·토의	• 탐구 주제를 확인하고 모둠별로 탐구 내용을 충분히 토의 • 충분히 토의한 내용과 결과를 탐구활동지에 기록
탐구 결과 발표	• 모둠별 탐구 결과를 칠판에 붙여 정보를 공유하도록 지도	• 각 모둠별로 탐구 결과를 발표 • 다른 모둠의 발표를 주의 깊게 듣고 질의 응답

〈작성 방법〉

○ 본 수업에서 행동변화단계 모델 적용 시, 위 학습 목표 달성을 통해 도달하고자 하는 단계의 명칭을 쓰고, 그 단계에 도달하기 위해 사용할 수 있는 행동수정 방법(전략) 2가지를 제시할 것(단, 교육대상자들은 행동변화단계에서 동일한 단계에 있다고 가정함)

○ 사회인지론 적용 시, 밑줄 친 ㉠에 해당하는 개인적(인지적) 요인의 명칭을 제시할 것

✏️ 정답

① 고려단계, 의식증가, 극적인 안심이나 환경재평가
② ㉠ 행동결과에 대한 기대

✏️ 해설

① 고려 전단계는 주변인들이 건강문제를 인식하고 걱정을 하나 본인은 행동 변화를 고려하지 않은 단계이므로 중재 전략으로 위험과 이득에 대한 인식 증가를 위한 정보제공을 이용하여 고려단계로 발전시킴
② 사회인지론은 사회학습론에서 발전하였으며, 인간의 행동은 인지적(개인적) 요인, 행동, 환경이 서로 상호작용하여 결정된다. 인지적 요인 중 행동결과에 대한 기대는 행동실천 후에 예측되는 결과로 건강에 이로운 행동을 함으로써 얻을 수 있는 긍정적 결과를 제시함

9. 다음은 영양교사가 설계한 영양교육 평가계획이다. 〈작성 방법〉에 따라 서술하시오. [4점]

〈가당 음료 섭취 줄이기 교육 평가계획〉

- 교육주제 : 청소년의 가당 음료 섭취 줄이기
- 교육대상 : ○○중학교 2학년 전원 200명
- 교육목표 : 가당 음료 섭취를 줄일 수 있다.
- 교육기간 : 2020년 1학기 3월~6월(매월 2주차에 1회(50분/차시)씩 총 4회 실시)
- 평가계획

대상	평가방법	평가시기
학생	가당 음료 섭취 관련 체크리스트 문항에 응답	1차시 수업 직전 1회, 4차시 수업 직후 1회, 총 2회 실시
교사	매회 수업에 대한 체크리스트 문항에 응답	매 수업 시, 총 4회 실시

평가유형	평가목적	도구/질문
결과평가	㉠ 가당 음료 섭취 줄이기 교육이 실제로 학생들의 가당 음료 섭취량을 줄였는지 조사함으로써 교육의 효과를 파악한다.	● 학생 체크리스트 ○ 지난 일주일 동안 마신 가당 음료의 섭취 횟수와 섭취량을 각각 표시하시오. (아래 표 참조)
(㉡) 평가	수업이 계획한 대로 순조롭게 진행되고 있는지를 파악한다.	● 교사 체크리스트 ○ 계획한 수업 내용을 오늘 수업에서 충분히 다루었는가? (아래 표 참조)

학생 체크리스트

○ 지난 일주일 동안 마신 가당 음료의 섭취 횟수와 섭취량을 각각 표시하시오.

구분 / 음료 종류	섭취 횟수							1회 평균 섭취량		
	1주(회)				1일(회)			1컵(200 ㎖)		
	0	1	2~4	5~6	1	2	3	0.5	1	2
1. 과일 음료	①	②	③	④	⑤	⑥	⑦	①	②	③
2. 탄산 음료	①	②	③	④	⑤	⑥	⑦	①	②	③
3. 스포츠 음료	①	②	③	④	⑤	⑥	⑦	①	②	③
4. 가당 우유	①	②	③	④	⑤	⑥	⑦	①	②	③
5. 기타 가당 음료 (에너지 음료, 비타민 음료 등)	①	②	③	④	⑤	⑥	⑦	①	②	③

교사 체크리스트

○ 계획한 수업 내용을 오늘 수업에서 충분히 다루었는가?

(1점) 전혀 그렇지 않다	(2점) 그렇지 않다	(3점) 보통이다	(4점) 그렇다	(5점) 매우 그렇다
①	②	③	④	⑤

○ (㉢)?

(1점) 전혀 그렇지 않다	(2점) 그렇지 않다	(3점) 보통이다	(4점) 그렇다	(5점) 매우 그렇다
①	②	③	④	⑤

※ 필요 시 ㉣ 교육 종료 1달 후 학습자들에게 결과 평가를 재실시한다.

<작성 방법>

ㅇ 밑줄 친 ㉠ 평가 목적을 달성하기 위한 평가 계획 설계방법의 명칭을 제시할 것(단, ㅇㅇ 중학교 영양교육은 의무교육이고 학생 체크리스트의 가당 음료 섭취량을 1주당 섭취량으로 환산하여 활용함)

ㅇ 괄호 안의 ㉡에 해당하는 평가 유형의 명칭을 쓰고, 영양교사가 ㉡ 평가를 위해 괄호 안의 ㉢에 추가할 수 있는 질문 1가지를 제시할 것

ㅇ 밑줄 친 ㉣의 평가를 실시하는 목적을 제시할 것

정답

① ㉠ 교육전후비교연구

② ㉡ 과정평가   ㉢ 교육자료 및 평가도구가 적절한가

③ ㉣ 영양교육이 끝난 후 일정 기간이 지난 후에 영양교육 내용을 실생활에 실천하고 있는지 최종적으로 평가하기 위해 실시한다.

해설

① 영양교육의 실시과정은 영양교육의 요구 진단, 영양교육의 계획, 실행, 평가임

② 평가단계는 과정평가, 효과평가, 결과평가가 있음

- 과정평가는 계획했던 것들이 각 단계마다 적시에 제대로 실행되고 있는지 평가함
- 효과평가는 지식, 태도, 행동면에서의 교육 효과를 알아봄
- 결과평가는 장기간의 결과를 평가를 하여 프로그램이 얼마나 효과적, 효율적이었는지 알아봄

2. 다음은 '건강한 학교 만들기' 관련 토의 사례이다. (가)와 (나)에 해당하는 집단토의 방법의 명칭을 순서대로 쓰시오. [2점]

(가)

주제 : 중학교 건강매점 도입 여부

※ 건강매점 : 고열량·저영양 식품 대신 제철 과일과 건강에 유익한 식품을 판매하고 올바른 식생활 실천 캠페인의 공간이 되는 학교 매점

[참석자]
- 사회자
- 찬성 측 : 영양교사, 학부모, 학생대표
- 반대 측 : 현 매점 운영자, 학생대표
- 청중 : 학부모, 학생

[주제 발표]
- 찬성 측 발제 : 중학생 영양불균형의 원인과 결과, 건강매점 도입의 필요성과 이로운 점
- 반대 측 발제 : 건강매점 도입의 부담과 향후 발생 가능한 문제점
- 반론 : 찬성 측 대표와 반대 측 대표의 반론 제기 및 논박

[질의 응답]
- 청중의 질의에 대한 토론자의 응답과 이에 대한 토의를 반복함

[결론]
- 사회자가 대립된 토의 내용을 요약하고 정리함

(나)

주제 : 학교 영양교육 활성화 방안

[참석자]
- 지역 영양교사 대표(좌장)를 포함한 영양교사 10명

[토의]
- 참석자 전원이 아이디어를 자유롭게 제시하며, 이때 좌장은 제시된 아이디어에 대해 평가하지 않음
- 참석자들이 최선의 해결책이나 참신한 아이디어를 발굴하여 발전시킴

[정리]
- 영양교육 활성화를 위한 다양한 아이디어를 조합하여 정리함

정답

(가) 공론식 토의   (나) 브레인스토밍(두뇌충격법)

해설

공론식 토의(debate forum)는 한 가지 주제에 대하여 서로 의견이 다른 3~4명의 전문가들이 먼저 의견을 발표한 다음상대방의 의견을 논리적으로 반박하며 토론을 진행한 후 청중의 질문을 받고 강 사가 이에 대하여 다시 간추린 토의로 공청회와 같은 토론 형식으로서 법, 시행규칙, 조례 등을 신설 혹은 개정하거나 새로운 기구의 창설, 조직개편 등을 위해 쓰임

11. 다음은 영양교사와 중학교 2학년 비만 학생이 '다이어트'를 주제로 상담한 대화내용이다. 〈작성 방법〉에 따라 서술하시오. [4점]

> 영 양 교 사 : 그동안 잘 지냈나요? 다이어트하기 힘들지 않았어요?
>
> 학   생 : 선생님, 솔직히 살을 빼려고 노력은 계속하고 있는데 살이 잘 빠지지는 않아요. 요즘은 살을 빼서 뭘 하나 싶은 생각이 들어요.
>
> 영 양 교 사 : 살을 빼려고 노력은 하는데 빠지지 않아 다이어트하는 것에 회의감이 드나 봐요.
>
> … (중략) …
>
> 학   생 : ㉠ 엄마가 제가 비만이어서 창피하다고 말씀하고 다니셔서 정말 화가 많이 나요(미소를 짓는다).
>
> 영 양 교 사 : (㉡   )
>
> … (중략) …
>
> 학   생 : 엄마는 맨날 제가 냉장고만 열면 그만 먹으라고 소리 지르세요. 전 엄마의 그만 먹으라는 소리가 세상에서 제일 듣기 싫어요. 엄마는 제가 밥 먹을 때마다 조금만 먹으라고 계속 말씀하세요. 요즘엔 매일 밖에서 패스트푸드를 몰래 먹고 들어와요. 그전에는 패스트푸드를 매일 먹지는 않았는데…
>
> 영 양 교 사 : ㉢ 패스트푸드를 매일 먹게 된 것은 어찌 보면 어머니의 잔소리를 피하기 위한 수단으로 보이네요.
>
> … (하락) …

〈작성 방법〉

○ 영양교사가 '직면' 기술을 사용할 수 있는 단서를 밑줄 친 ㉠에서 찾아 제시하고, 괄호 안의 ㉡에 들어갈 '직면' 반응을 제시할 것
○ 밑줄 친 ㉢에서 영양교사가 사용한 상담의 기본 기술의 명칭을 쓰고, 그 기술을 사용한 의도 1가지를 제시할 것

🖊 **정답**

① ㉠ 화가 많이 나요(미소를 짓는다). ㉡ 화가 많이 나는 이유에 대해 이야기 해보고 함께 해결책을 찾아봐요. 내가 보기에는 이 문제를 헤쳐나갈 많은 자질들을 충분히 갖추고 있어요.
② ㉢ 부연설명, 이렇게 하면 내담자는 자신이 한 말을 상담자를 통해 다시 들을 수 있게 됨으로써 자신의 현재 문제와 감정에 대해 객관적인 입장에서 생각하게 되기 때문이다.

해설

---

① 직면 : 내담자가 혼동된 메시지를 가지고 있거나 왜곡된 견해를 가지고 있을 때 상담자가 그것을 드러내어 인지하도록 하는 기술로 자신의 상황에 대해 다른 방식으로 대응하는 법을 배울 수 있음
② 부연설명 : 내담자의 메시지를 상담자의 언어로 다시 한번 말해주거나 문장으로 나타내 보이는 것을 말함

2021년도 기출문제 A형

2. 다음은 고등학교 영양교사와 ○○동아리 학생들의 영양교육 활동에 관한 대화 내용이다. 괄호 안의 ㉠, ㉡에 들어갈 명칭을 순서대로 쓰시오. [2점]

> 영 양 교 사 : 이번에 동아리 친구들과 유치원으로 교육 활동을 가지요?
> 학　　　생1 : 네.
> 영 양 교 사 : 교육 주제는 정했나요?
> 학　　　생1 : 네. 친구들이랑 의견을 나누어서 '손 씻기' 교육으로 주제를 정했습니다. 조카들이 밖에서 놀다가 들어와서 손을 안 씻고 밥을 먹는 경우가 종종 있다는 의견이 많았거든요.
> 영 양 교 사 : 그래요. 영양교육에서는 대상에 대한 진단이 필요하지요. 영양교육 과정은 여러분들이 지금 한 것처럼 대상을 진단한 후, 진단된 영양 문제를 해결하기 위해 (㉠), 실행, 평가 순으로 진행돼요.
> 학　　　생2 : 선생님. (㉠)에서는 교육의 목표, 교육에 필요한 재료, 교육 방법, 교육 내용을 고려해야 하는 거 맞지요?
> 영 양 교 사 : 네. 맞아요. 추가적으로 평가방법도 고려해야 해요.
> 학　　　생3 : 평가요? 저희가 아이들이 집에 돌아가서 손 씻기를 잘 실천하는지 직접 확인하기는 어려울 것 같은데요.
> 영 양 교 사 : 물론 그렇지요. 그렇지만 교육이 실행되는 동안에 교육 대상자들의 학습에 대한 이해 정도를 파악하는 평가를 할 수 있는데, 그런 평가를 (㉡)평가라고 해요. 예를 들어 여러분들이 수업 시간에 아이들에게 올바른 손 씻기를 가르치고 나면, 아이들이 얼마만큼 이해했는지 궁금하잖아요. 그래서 수업 중에 아이들에게 올바른 손 씻는 방법을 다시 물어보는 것, 그것이 바로 (㉡)평가예요.
> 학　　　생3 : 아, 그렇군요. 선생님 알려주셔서 감사합니다.

정답

㉠ 계획　㉡ 과정평가

해설

영양교육의 실시과정

① 요구진단 → 계획 → 실행 → 평가

② 영양교육의 계획 : 영양교육의 목적과 목표 정하기, 목적과 목표에 맞는 영양중재 방법 선택하기, 영양교육의 내용과 방법 구성하기, 영양교육의 홍보 전략 마련하기, 영양교육 평가에 관한 계획 세우기

11. 다음은 영양교사가 소아비만에 해당하는 초등학생에게 건강신념모델을 적용하여 상담한 내용의 일부이다. 〈작성 방법〉에 따라 서술하시오. [4점]

영 양 교 사 : 식사 일기를 보니까 에너지 섭취는 초과하고, 영양소섭취는 균형이 맞지 않아요. 그 이유는 간식으로 거의 매일 먹는 피자나 치킨 때문이에요.

학　　　　생 : 저는 피자와 치킨이 정말 좋아요.

영 양 교 사 : 그렇군요. 그런데 ㉠ 피자나 치킨 같은 패스트푸드를 지금처럼 간식으로 자주 많이 먹으면, 섭취 에너지가 많아져서 우리 몸은 살이 찌게 돼요. 또, 패스트푸드에 있는 포화지방이나 트랜스지방은 우리 몸의 혈액을 끈끈하게 만들어서 혈관을 좁아지게 하는 원인이될 수 있어요. 나트륨도 많아서 패스트푸드를 많이 먹으면, 나중에 고혈압에 걸릴 수도 있어요. 그러면 약을 먹거나 치료를 받아야 해서 병원에 자주 가야해요.

학　　　　생 : 아! 저희 엄마, 아빠도 저랑 같이 피자나 치킨을 자주 드시는데, 두 분 모두 고혈압이세요. 그래서 매일 약도 드세요. 저도 크면 고혈압에 걸려서 약을 먹어야 하나요? 저는 약 먹는 것이 정말 싫어요.

영양교사　　 : 지금부터 관리를 잘하면 괜찮아요. 앞으로는 간식으로 피자나 치킨 대신에 과일이나 채소를 알맞게 먹으면, 섭취 에너지는 낮아지고 영양소도 균형을 이루게 될 거예요. 그러면 살은 빠지고, 고혈압도 예방할 수 있어요.

학　　　　생 : 정말요? ㉡ 살이 빠지고, 약은 안 먹어도 된다니 너무 좋은걸요. 그럼 오늘부터 간식으로 과일이나 채소를 먹어 볼게요.

〈작성 방법〉

○ 밑줄 친 ㉠에서 사용한 건강신념모델 구성요인 2가지를 제시할 것

○ 밑줄 친 ㉡에 해당하는 건강신념모델 구성요인과 그 의미를 각각 제시할 것

🖉 **정답**

① ㉠ 인지된 감수성(질병에 걸릴 가능성), 인지된 심각성(질병의 심각성)

② ㉡ 인지된 이득, 건강 행동을 할 때 수반되는 건강상의 이득을 의미한다.

🖉 **해설**

건강신념모델의 주요 개념

① 개인적 인식 : 질병 가능성에 대한 인식과 질병 심각성에 대한 인식

② 행동 가능성 : 행동 변화에 대한 인지된 이익과 인지된 장애, 자아효능감

③ 행동의 계기

10. 다음은 유치원의 영양교육 계획안이다. 〈작성 방법〉에 따라 서술하시오. [4점]

> 유치원에서 학부모를 대상으로 한 설문 분석 결과, 급식 대상 어린이의 대표적인 식습관 문제 중 하나가 편식이라고 진단되어 영양교사는 '편식 예방'을 주제로 다음과 같이 대상별 영양교육을 계획하였다.

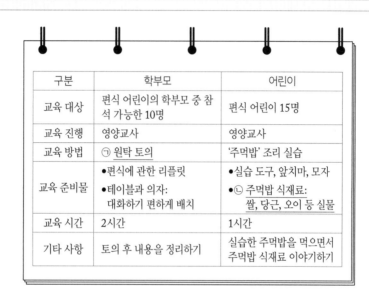

구분	학부모	어린이
교육 대상	편식 어린이의 학부모 중 참석 가능한 10명	편식 어린이 15명
교육 진행	영양교사	영양교사
교육 방법	㉠ 원탁 토의	'주먹밥' 조리 실습
교육 준비물	●편식에 관한 리플릿 ●테이블과 의자: 대화하기 편하게 배치	●실습 도구, 앞치마, 모자 ●㉡ 주먹밥 식재료: 쌀, 당근, 오이 등 실물
교육 시간	2시간	1시간
기타 사항	토의 후 내용을 정리하기	실습한 주먹밥을 먹으면서 주먹밥 식재료 이야기하기

〈작성 방법〉

○ 밑줄 친 ㉠의 특징을 2가지 제시할 것
○ 밑줄 친 ㉡을 매체로 활용할 때, 장점과 단점을 각각 1가지씩 제시할 것

✎ **정답**

① ㉠의 특징은 첫째, 원탁 주위에 둘러앉아 어떤 형식에도 구애받지 않고, 둘째. 그룹의 구성원 전원이 자유로운 분위기에서 토의가 가능하다.

② ㉡의 장점은 직접적이고 입체적인 교육이 가능하므로 교육효과가 가장 크고, 단점은 휴대하기가 불편하고 계절적으로 구하기 어려운 경우도 있으며, 파손 및 보관 등의 어려움으로 경제성이 떨어진다.

✏️ **해설**

① 집단교육의 종류
- 강의형 : 강의(강연)
- 집단토의형 : 강의식, 강단식, 6.6식 토의, 배석식 토의, 공론식 토의, 좌담회(원탁토의), 연구집회, 영화토론회, 브레인스토밍, 시범교수법
- 실험형 : 역할연기법, 인형극, 그림극, 실험, 조리실습, 견학
- 조사활동
- 캠페인

② 영양교육 매체의 종류
- 인쇄매체 : 팸플릿, 리플릿, 전단지, 포스터, 스티커 등
- 전시게시매체 : 패널(panel), 융판 등
- 입체매체 : 실물, 모형, 인형, 표본 등의 입체적 시각자료는 교육내용의 추상적인 개념을 학습자에게 실제적이고 구체적인 경험으로 제공하게 됨
- 전자매체
- 영상(사)매체
- 게임

2. 다음은 영양교육에서 사용되는 매체의 선정 기준에 관한 설명이다. 밑줄 친 ㉠, ㉡에 해당하는 용어를 순서대로 쓰시오. [2점]

> 매체 선정 시에는 ㉠ 영양교육의 목적, 내용 및 난이도가 대상자의 특성에 맞아야 한다. 또한 ㉡ 매체를 통해 전달되는 영양정보는 정확하고 과학적인 근거가 있어야 한다.

정답

㉠ 적절성   ㉡ 신뢰성

해설

교육 매체의 선정 기준

기준	내용
적절성	영양교육의 목적과 목표에 매체가 적합하여야 하며, 매체의 내용 및 난이도. 용어의 수준, 제시 방법 등이 대상자의 특성에 맞아야 함
구성과 균형	매체에 삽입된 그림, 음악 등이 전체적으로 잘 구성되고 균형 잡혀 있어야 함
신뢰성	매체를 통해 전달되는 영양정보는 과학적인 근거가 충분한 올바른 정보이어야 함
경제성	매체의 구입비용과 제작비용이 예산에 적합한 가격으로 책정함
효율성	매체 사용 시 교육의 효과가 높아야 함
편리성	사용이 용이하며 교육자나 대상자 모두에게 편리한 매체여야 함
기술적인 질	매체의 전체적인 완성도로서 매체의 색상, 음질, 크기와 안전성, 견고성 등이 양호해야 함
흥미도	대상자의 흥미와 호기심을 충족시킬 수 있어야 함

6. 다음은 ○○고등학교 영양교사가 작성한 동아리 활동 계획서이다. 〈작성 방법〉에 따라 서술하시오. [4점]

〈동아리 활동 계획서〉

교육 대상	㉠ '패스트푸드 섭취 줄이기'를 2달 전부터 실천하고 있는 동아리 학생 5명
교육 주제	㉡ 고에너지저단백 식사를 저에너지고단백 식사로 바꿔 먹기
교육 방법	• 온라인 실시간 비대면 조리교육 • 학생들에게 밀키트 제공 • ㉢ 조리하는 과정을 순차적으로 보여 줌

교육 내용	• 두부면 스파게티 만들기
	  - 재료 : 두부면, 토마토 스파게티 소스, 올리브오일
	  - 조리 방법 : ㉣ 끓는 물에 두부면을 데친다.

〈작성 방법〉

○ 행동변화단계이론에 근거하여 밑줄 친 ㉠에 해당하는 단계를 쓰고, 그 의미를 서술할 것
○ 행동변화단계이론에 근거하여 밑줄 친 ㉡에 해당하는 전략을 쓰고, 밑줄 친 ㉢에 해당하는 교육 방법의 명칭을 순서대로 제시할 것

✎ **정답**
----

① ㉠은 행동단계. 행동단계는 행동을 바꾸기 위해 적극적으로 노력하는 단계로, 행동변화를 시작한 지 6개월 미만 정도 실시해 본 상태이다.
② ㉡의 전략은 대체조절로 바람직하지 못한 행동을 건전한 행동으로 대치하는 전략이다.
    ㉢ 시범교수법 중 방법시범교수법이다.

✏ **해설**

1. **행동변화단계이론(범이론적모델)** : 행동변화단계, 변화과정, 의사결정균형, 자아효능감으로 구성됨

2. **행동변화단계**

   ① 고려전단계 : 스스로의 식행동에 문제가 있다고 인식하지 못하는 단계로 앞으로 6개월 이내에는 행동변화를 고려하지 않은 단계임

   ② 고려단계 : 문제를 인식하고 행동변화가 필요하다는 것은 인정하였으나 행동의지는 확고하지 않은 단계로 앞으로 6개월 안에 행동변화를 고려하고 있는 단계임

   ③ 준비단계 : 행동변화에 대한 의지가 확고하여 앞으로 1개월 안에 행동변화를 실천할 의도가 있는 단계임

   ④ 행동단계 : 행동변화를 시작했으나 아직 6개월이 안 되어서 안정화되지 않은 단계임

   ⑤ 유지단계 : 변화된 행동을 6개월 이상 지속하여 유지하고 있는 단계임

3. **변화과정(processes of change)**

   ① 행동변화단계별 적절한 행동수정의 방법 및 전략을 이용함

   ② 고려전단계나 고려단계 : 의식증가, 극적인 안심, 자신 재평가, 환경 재평가 등의 전략을 이용

   ③ 준비단계 : 자신방면 이용

   ④ 행동단계나 유지단계 : 자극조절, 대체조절, 보상관리, 조력관계 등의 전략을 이용

4. **시범교수법**

   ① 방법시범교수법(시연) : 문제를 해결해 나가는 방법을 단계적으로 천천히 시범을 보이면서 교육하는 방법

   ② 결과시범교수법(사례연구) : 하나의 결과를 놓고 문제를 해결해 나가는 과정이나 경험 등을 보여주면서 토의하여 참가자들의 행동변화를 유도하는 방법임

11. 다음은 ○○중학교에서 영양교사가 비만 학생들을 대상으로 영양상담을 진행한 내용이다. 〈작성 방법〉에 따라 서술하시오. [4점]

> 영양교사 : 안녕하세요. 저는 영양교사 ○○○입니다. 여러분의 건강을 위하여 영양상담을 진행하게 되었어요. 여기까지 오기 쉽지 않았죠?
>
> 학 생 1 : 네, 쉽지는 않았어요.
>
> 영양교사 : 그랬군요. ㉠ <u>오늘은 모임의 첫날이니 서로 소개하면서 알아 가는 시간을 가져 볼까요?</u>
>
> … (중략) …
>
> 영양교사 : 우리가 이번 영양상담을 통해 꼭 이루고 싶은 것이 있다면 그게 무엇인지 나누어 준 종이에 써 볼까요?
>
> … (중략) …
>
> 영양교사 : 여러분이 쓴 것을 보니 정말 다양한 목표가 있네요. 그럼 오늘 우리가 쓴 목표를 꼭 이룰 수 있다는 다짐으로 '그래! 꼭 해내고야 말겠어!'를 우리 상담의 ㉡ <u>슬로건(표어)</u>으로 내걸어 볼까요?
>
> 학 생 2 : 네, 좋은 것 같아요.

〈작성 방법〉

○ 밑줄 친 ㉠에서 영양교사가 사용한 상담 첫 단계의 명칭을 쓰고, 그 중요성을 서술할 것
○ 밑줄 친 ㉡의 조건 2가지를 제시할 것

🖉 **정답**

---

① ㉠ 유대관계형성(친밀관계형성), 첫째, 상담자가 내담자를 이해하고 수용하고 있다는 것을 내담자로 하여금 느낄 수 있게 해야 한다. 둘째, 인간적인 따뜻함을 보이며 상담 시에 나누었던 대화의 기밀성을 보장하고, 편안한 분위기에서 상담에 집중할 수 있는 환경을 조성하는 것이 중요하다.

② ㉡ 첫째, 대상자들이 실천할 의지를 갖도록 유도하는 호소력을 지녀야 한다.

둘째, 슬로건의 내용은 간단명료하여 읽는 즉시 이해되고, 쉽게 실천할 수 있어야 한다.

해설

1. 영양상담의 실시과정

   유대관계 형성, 문제진단 및 영양판정, 목표설정, 실행, 효과평가의 과정으로 이루어짐

2. 매체의 종류

   ① 인쇄매체 : 팸플릿, 리플릿, 전단지, 벽신문, 포스터, 만화, 스티커, 슬로건 등

   ② 전시·게시매체 : 게시판, 탈부착자료, 괘도, 페널 등

   ③ 입체매체 : 실물, 모형, 인형, 디오라마 등

   ④ 영상·전자매체 : PPT 자료, 동영상, 영화, 다큐멘터리 등

✏ MEMO

✎ MEMO

제 **6** 과목

식품학

10. 단순단백질은 용매에 대한 용해성에 따라 7가지 종류로 분류된다. 이 중 수용성 단백질 2가지를 쓰고 각각의 단백질이 가열에 의해 응고하는지에 대하여 쓰시오. [2점]

✏ 정답

① 알부민, 히스톤 또는 프로타민
② 알부민은 가열에 의하여 응고되지만, 히스톤, 프로타민은 응고되지 않는다.

✏ 해설

① 단순단백질은 아미노산으로만 구성된 단백질로서 물, 염용액, 산, 알칼리, 유기용매 등 특정한 용매에 대한 용해 특성에 따라 분류됨
② 7가지 단순단백질 : 알부민, 히스톤, 프로라민, 글로불린, 글루텔린(glutelin), 프롤라민(prolamin), 알부미노이드
③ 수용성단백질은 알부민, 히스톤, 프로타민

11. 다음 괄호 안의 ㉠, ㉡에 해당하는 용어를 순서대로 쓰시오. [2점]

> 식이섬유는 물에 녹지 않는 불용성 식이섬유와 물에 녹는 수용성 식이섬유로 분류된다. 불용성 식이섬유인 셀룰로스는 포도당과 포도당이 (㉠) 결합으로 중합되어 있으며, 수용성 식이섬유인 펙틴은 주성분인 갈락투론산(galacturonic acid)과 갈락투론산이 (㉡) 결합으로 중합되어 있다.

정답

㉠ β-1,4 결합   ㉡ α-1,4 결합

해설

① 식이섬유는 인체의 장내 효소로 분해되지 않는 탄수화물로 수용성 식이섬유와 불용성 식이섬유로 분류함
② 수용성 식이섬유는 물에 용해되거나 팽윤되어 겔을 형성함(펙틴, 검)
③ 불용성 식이섬유는 물에 용해되지 않으며 겔 형성력이 낮으며, 대장에서 박테리아에 의해 분해되지 않음(셀룰로스(cellulose, 섬유소), 리그닌)

13. 다음은 과일 저장에 관한 내용이다. 괄호 안의 ㉠, ㉡에 해당하는 용어를 순서대로 쓰시오. [2점]

○ 은미는 시장에서 여러 가지 과일을 사 왔다. 집에 와서 보니 멜론이 덜 익어 딱딱하고 향기도 나지 않았다. 그래서 은미는 멜론을 빨리 익히기 위해서 (㉠)을/를 방출하는 사과와 함께 통에 넣어 보관하였다.
○ 과일을 유통하는 업체에서는 익은 상태의 과일을 오랫동안 보관해야 할 경우 저장고 내의 공기 중 (㉡) 비율을 높이는 방법을 사용한다.

정답

㉠ 에틸렌가스   ㉡ 이산화탄소(CO_2)

해설

① 호흡기 과일은 수확 후 호흡률이 높으므로 저장 중에 이산화탄소, 에틸렌가스를 발생하므로 비호흡기과일(완숙과일)과 함께 저장하면 안 됨
② CA저장은 산소농도는 대기보다 약 1/20~1/4배로 낮추고, 이산화탄소는 약 30~150배로 증가시키는 조건을 말함

4. 영희는 닭고기를 **1 cm** 두께로 썰고 간장, 물, 설탕을 넣은 소스를 발라 **120℃** 에서 구웠고 철호는 동일한 조건에서 설탕 대신 꿀을 사용하였다. 그런데 철호가 구운 닭고기의 색이 좀 더 진한 갈색이었다. 이 갈색화 반응의 명칭과 갈색화 반응 초기 단계의 반응물, 그리고 갈색화 반응의 차이를 일으키는 설탕과 꿀의 구조적 특성을 설명하시오. [3점]

📖 정답

① 마이야르 반응, 초기 단계에서는 환원당과 아미노 화합물의 축합반응에 의해 질소 배당체 글리코실아민(D-glycosylamine)을 형성하고 아마도리 전위(amadori)를 일으켜 아마도리 전위 생성물을 형성한다.

② 마이야르 반응은 당의 종류에 영향을 받으며, 설탕은 이당류로 포도당과 과당으로 구성되어 있는 비환원당이고, 꿀은 과당으로 환원당이다. 마이야르 반응은 설탕보다는 환원당인 과당이 갈변속도가 빠르므로 철호가 꿀을 사용하여 구운 닭고기가 더 진한 갈색이 나타난 것이다.

📖 해설

① 마이야르 반응은 아미노산의 아미노기($-NH_2$)와 환원당의 카르보닐(carbonyl)기가 축합하여 갈색 색소인 멜라노이딘(melanoidine)을 생성하는 반응임

② 마이야르 반응은 단계로 이루어진다. 첫째, 초기 단계는 환원당이 아미노그룹과 합쳐서 질소배당체을 형성. 아마도리 전위를 일으켜 아마도리 전위 생성물이 생성된다. 둘째, 중간 단계는 프럭토실아민이 산화, 탈수되면서 계속 분해되어 3-데옥시오존(3-deoxyosone), 3,4-디데옥시오존, 리덕톤류, 히드록시메틸푸르푸랄이 생성됨. 셋째, 최종 단계는 스트렉커 반응, 알돌형 축합반응에 의해 멜라노이딘이 형성됨

③ 마이야르 반응은 설탕보다는 오탄당, 육탄당의 환원당의 경우 갈변속도가 빠름

2. 여러 가지 생리 활성 기능을 가지는 식물성 색소인 플라보노이드(flavonoids)에는 안토잔틴(anthoxanthin), 안토시아닌(anthocyanin), 탄닌(tannin) 등이 있다. 이 중 안토잔틴을 구조에 따라 5가지로 분류하여 쓰시오. 그리고 안토시아닌의 pH에 따른 색 변화를 서술하시오. [3점]

🖊 정답

① 안토잔틴은 구조에 따라
- 플라본(flavone)
- 플라본올(flavonol)
- 플라바논((flavanone)
- 플라바논올(flavanonol)
- 아이소플라본(isoflavone)로 분류할 수 있다.

② 안토시아닌(anthocyanin)은 pH 산성에서는 적색, 중성에서는 자색, 알칼리에서는 청색이다.

🖊 해설

① 플라보노이드계 색소는 탄소 6개로 구성된 고리구조인 벤젠(benzene) 핵이 탄소로 연결된 플라반(flavane)이 기본이 됨

② 플라보노이드는 안토잔틴(anthoxanthin), 안토사이아닌(anthocyanins)으로 크게 분류되나, 넓은 의미로는 저분자의 탄닌(tannin)인 카테킨(catechin) 및 루코잔틴(leucoxanthin) 등도 포함됨

③ 안토잔틴은 물에 잘 녹고, 산에는 안정하여 무색을 띠고, 알칼리에서는 황색, 갈색을 띠거나 배당체들이 가수분해되어 짙은 황색을 띰

④ 안토시아닌은 식품의 빨간색, 자주색 또는 청색을 나타내는 수용성 색소로 매우 불안정하여 가공이나 저장 중 색깔이 쉽게 변색됨

6. 다음은 식품의 맛에 관한 설명이다. 괄호 안의 ㉠, ㉡에 해당하는 용어를 순서대로 쓰시오. [2점]

○ 맛 성분의 미각 정도는 성분의 농도에 따라 다르다. 그러므로 맛 성분의 미각 정도를 비교하는 방법으로 맛 성분의 최저 농도인 맛의 (㉠)을/를 사용한다.

○ 다음 그림에 해당하는 물질의 맛은 (㉡)(이)다. 이 맛의 원인이 되는 성분으로 알칼로이드(alkaloid)류, 배당체, 단백 분해물 및 무기염류 등이 있다.

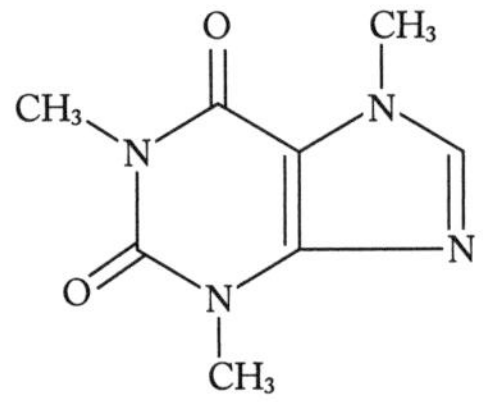

✏️ **정답**

㉠ 역치(임계값, 문턱값)   ㉡ 쓴맛

✏️ **해설**

① 절대역치는 맛이 처음으로 느껴지는 정미물질의 최저 농도이며, 상대역치는 정미물질이 지닌 특정한 맛을 제대로 인식할 수 있는 최저 농도임

② 식품 중의 쓴맛 성분으로는 알칼로이드(alkaloid), 배당체, 케톤류(ketone류), 무기염류, 아미노산, peptide 등이 있음.

알칼로이드(alkaloid)는 식물체에 존재하는 함질소염기성 물질의 총칭으로서 쓴맛과 함께 특수한 약리작용을 함. 차나 커피의 카페인(caffeine), 코코아나 초콜릿의 테오브로민(theobromine), 키나무의 퀴닌 (quinine) 등이 있음

7. 다음의 (가), (나)는 식품의 물성을 설명하는 그림이다. 밑줄 친 ㉠, ㉡에 해당하는 물성의 명칭을 순서대로 쓰시오. [2점]

어! 꿀이 병에 반이나 남았는데 왜 안 나오지?

㉠ 조금 흔들어서 기울여 두면 흘러나올 거야.

(가)

〈생크림으로 케이크 장식하기〉

생크림을 거품을 낸 후 짤주머니에 옮겨 담아 ㉡ 케이크 위에 짜서 모양을 낸다.

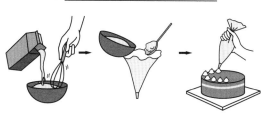

(나)

✏️ **정답**

㉠ 점성　㉡ 가소성

✏️ **해설**
----
① 점성은 액체의 흐름에 대한 저항으로, 간장이나 식초는 점성이 낮고, 수프, 소스나 토마토퓌레는 점성이 중간이며, 물엿이나 꿀은 흐름에 대한 저항이 커서 점성이 큰 식품임
② 가소성(plasticity)은 외력에 의해 변형된 물체가 외력을 제거해도 원래의 상태로 돌아오지 않고 영구 변형을 남기는 성질임

2016년도 기출문제 A형

5. 다음은 우유 살균법에 대한 설명이다. 괄호 안의 ㉠, ㉡에 해당하는 용어를 순서대로 쓰시오. [2점]

> 우유는 영양소와 수분이 풍부하여 각종 미생물이 번식하기 쉬우므로 반드시 살균하여야 한다. 영양 성분이나 맛은 유지하면서, 살균 효과를 낼 수 있는 살균법(72~75℃, 15~20초)은 (㉠)이다. 이 때 살균이 제대로 되었는지 확인하기 위한 지표로서 활성을 측정하는 효소는 (㉡)이다.

정답

㉠ 고온순간살균법   ㉡ 알카린포스파테이즈(alkaline phosphatase)

해설

① 우유의 살균법은 저온장시간살균법(62~65℃에서 30분), 고온순간살균법(72~75℃, 15~20초), 초고온순간살균법(130~150℃에서 2~6초)이 있음
② 알카린포스파테이즈는 우유의 살균조건에서 불활성화되므로 이 효소의 활성이 남아 있을 경우 살균이 제대로 되지 않았다는 표시임

4. 다음은 수분활성도(water activity)와 식품 안정성(stability)의 관계를 보여주는 그래프이다. A 반응곡선은 영역 Ⅰ(단분자층 형성 영역)에서 수분활성도가 낮을수록 오히려 상대속도가 증가하는 현상을 보인다. 이러한 현상이 나타나는 이유를 설명하고 A 곡선의 반응명칭을 쓰시오. [4점]

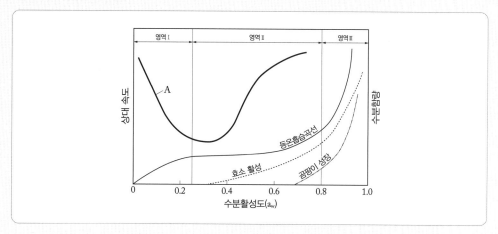

정답

① 유지의 산패속도는 단분자층 수분함량에서 가장 낮다. 단분자층 수분함량보다 수분함량이 적을 경우는 단분자층이 파괴되어 식품 중 지질이 공기 중 산소와 직접 접촉하게 되므로 산패가 빨라진다. 식품에 단분자층을 형성할 수 있을 정도의 소량의 수분(수분활성이 0.2~0.3)이 존재하면 유지와 산소의 접촉이 차단되므로 산화가 억제된다.

② A : 유지의 산화 반응

해설

① 유지의 산화는 단분자층의 수분활성도인 0.2~0.3에서 반응속도가 가장 낮고 안정적이다. 그 이유는 수분활성도 0.2~0.3에서는 물분자가 유지의 과산화물과 결합하여 분해를 억제하고 산화를 촉진하는 금속 이온을 수화하여 촉매 기능을 감소시켜 산화가 일어나지 못하게 하기 때문임

② 수분활성도가 낮거나 높은 부분에서는 유지의 산패가 촉진된다. Ⅱ영역에서 유지의 산화 반응속도가 급격히 증가하는 이유는 수분함량이 많아지면서 거대분자들이 팽윤되어 더 많은 반응 부위들이 노출되기 때문임

8. 다음은 여중생 승유와 영양교사의 대화 내용이다. 괄호 안의 ㉠, ㉡에 해당하는 물질의 명칭을 순서대로 쓰시오. [2점]

> 승　　　유 : 선생님, 어제 엄마가 참기름과 들기름을 사오셨는데, 들기름만 냉장고에 넣어두셨어요. 왜 그렇게 하시는지 여쭤 봤는데, 그냥 그렇게 하면 좋다고 사람들이 얘기하니까 그렇게 하시는 거래요. 선생님은 그 이유를 아시나요?
>
> 영 양 교 사 : 참기름과 들기름에는 불포화지방산이 80% 이상 함유되어 있어서 산패되기 쉽단다. 그런데 참기름에는 이러한 반응을 막아 주는 천연 항산화제인 (㉠)와/과 토코페롤이 들어 있어서 실온에 보관해도 돼. 하지만 들기름에는 이 물질들이 적게 들어 있고, 다가불포화지방산인 (㉡)은/는 참기름보다 훨씬 많아서 실온에 두면 더 쉽게 산패가 일어난단다.
>
> 승　　　유 : 그럼 들기름은 꼭 냉장 보관해야겠네요.

정답

㉠ 세사몰(sesamol)　㉡ 리놀렌산(linolenic acid)

해설

① 천연항산화제인 세사몰은 참기름 중에 존재하며 자연계에 존재하는 항산화제 중 항산화력이 매우 높고, 참기름의 강한 산화 안정성의 주요 원인임. 참기름 배당체인 세사몰린(sesamolin)의 형태로 존재함. 미강유에는 오리자놀(oryzanol), 면실유에는 고시풀(gossypol), 대두유와 식물성기름의 토코페롤은 항산화력은 비교적 약하나, 비타민 E로서 영양적 가치는 높음
② 합성 항산화제로는 BHT, BHA, PG, EP 등이 있음

6. 다음은 여고생 주현이와 영양교사의 대화 내용이다. 〈작성 방법〉에 따라 각각 서술하시오. [5점]

> 주   현 : 선생님, 녹차가 건강에 좋다고는 하는데, 저는 (가) 녹차가 쓰고 떫어서 마시기 싫어요.
>
> 영 양 교 사 : 그러니? 하지만 그 쓰고 떫은맛은 강한 항산화 기능을 가진 대표적인 성분에서 나온 거야. 그 성분은 피부 노화를 늦춰 주고 체지방 감소에 도움을 줄 수 있어.
>
> 주   현 : 그렇군요. 제가 어디서 들었는데 홍차나 녹차를 만드는 찻잎은 크기만 다를 뿐 같은 거라던데요? 그런데 왜 (나) 홍차 잎은 적갈색이고, (다) 녹차 잎은 적갈색이 아닌가요?

─────〈작성 방법〉─────

○ (가) : 쓰고 떫은맛의 원인이 되는 대표적인 성분의 명칭을 쓸 것
○ (나) : 홍차 제조 과정에서 일어난 ㉠ 색소 변화 반응의 명칭, ㉡ 생성된 색소의 명칭 1가지, ㉢ 색소 변화 반응이 일어난 이유를 쓸 것
○ (다) : 녹차 잎은 적갈색이 아닌 이유를 녹차 제조 과정과 관련지어 쓸 것

📝 정답

(가) 카테킨

(나) ㉠ 폴리페놀 산화효소(polyphenol oxidase)에 의한 갈변, ㉡ 테아플라빈, ㉢의 이유는 홍차는 발효과정에서 카테킨이 폴리페놀옥시다아제에 의해 산화·중합되어 테아플라빈이라는 적색 색소로 된다.

(다) 녹차는 덖음차나 찐차 모두 고온에서 단시간 처리하기 때문에 폴리페놀 산화효소가 파괴되어 발효가 일어나지 않아 본래의 녹색이 남아있다.

📝 해설

① 효소적 갈변반응은 사과, 배, 복숭아, 바나나, 감자, 우엉 등의 과일과 채소의 껍질을 벗기거나 조직을 파괴했을 때 폴리페놀산화효소(polyphenol oxidase)에 의한 갈변반응이 일어나는데, 이 효소는 기질을 산화시켜 멜라닌(melanin)이라는 갈색 물질을 만들어 변색을 일으킴

② 효소적 갈변 반응은 채소나 과일의 기호도를 떨어뜨리지만, 차의 향미 성분을 만들거나 건포도 같은 건조과일의 색과 향미 성분 생성에 기여하는 바람직한 결과를 내기도 함

2018년도 기출문제 B형

7. 다음은 엄마와 딸의 대화이다. 〈작성 방법〉에 따라 서술하시오. [5점]

> 엄마 : 오늘은 튀김을 만들어 볼까? 기름을 넣었으니 온도를 160℃로 맞춰 봐.
>
> 딸　 : 네. 기름이 남았는데 왜 새 기름을 사용했어요?
>
> 엄마 : 남은 기름은 ㉠ 유통기한이 지난 기름이야. 그래서 어제 새로 사 온 기름을 사용한 거야.
>
> 딸　 : 엄마! 벌써 온도가 180℃가 넘었어요.
>
> 엄마 　: 그래? 뜨거우니까 기름이 튀지 않게 가장 자리에 살짝 넣어 가며 해 보자.
>
> … (중략) …
>
> 딸　 : 엄마. 이제 다 끝났으니 정리할까요?
>
> 엄마 : 그래. ㉡ 튀김에 사용한 기름은 다른 병에 옮겨서 보관하자.
>
> 딸　 : 제가 기름은 바람이 잘 통하는 곳에서 뚜껑을 열고 식힌 후 병에 옮겨 담아 둘게요.

〈작성 방법〉

○ 밑줄 친 ㉠, ㉡의 기름에서 일어날 수 있는 산화의 차이를 서술할 것(단, 이 두 기름은 지방산 조성이 동일하다고 가정함)

○ 밑줄 친 ㉡에 영향을 미친 요인 2가지를 대화에서 찾아 제시할 것

○ 밑줄 친 ㉡에서 나타난 변화 2가지를 서술할 것

✏ **정답**

① ㉠ 자동산화에 의한 산패　㉡ 가열에 의한 산패

② ㉡에 영향을 미치는 요인은 온도(180℃)와 튀김그릇(중금속)이다.

③ ㉡ 튀김에 사용한 기름은 점도가 증가하고 색이 짙어진다.

✏ **해설**

① 자동산화에 의한 산패는 불포화지방산을 함유한 유지는 공기와 접촉하면 자연발생적으로 산소를 흡수하고, 흡수된 산소는 유지를 산화시켜 산화 생성물을 형성함

② 가열에 의한 산패는 유지를 산소 존재 하에서 150~200℃로 가열할 때 일어나는 산패이며, 이는 튀김 공정 등에서 일어남

 • 가열산화는 고온으로 처리되기 때문에 자동산화가 가속화되고, 중합반응에 의한 점도 상승, C-C 결합의 분해에 따른 카보닐화합물의 생성, 이취 생성, 유리지방산의 증가 등의 현상이 나타남

14. 다음은 마이야르 반응을 설명한 내용이다. 〈작성 방법〉에 따라 순서대로 서술하시오. [4점]

> 비효소적 갈변반응인 마이야르 반응(Maillard reaction)은 이 반응의 발견자 이름을 딴 명칭이며, 반응물과 생성물 이름을 딴 명칭은 각각 (㉠)와/과 (㉡)이다. ㉢ <u>마이야르 반응의 속도는 아미노산 측쇄(side chain)의 화학적 특성에 따라 달라진다.</u>

〈작성 방법〉

○ ㉠, ㉡에 해당하는 명칭을 순서대로 쓸 것
○ 밑줄 친 ㉢의 반응 속도가 가장 빠른 아미노산 분류의 명칭을 쓰고, 그 이유를 서술할 것

정답

① ㉠ amino-carbonyl 반응　㉡ melanoidin 반응
② ㉢ 라이신, 이유는 아미노기가 입실론 위치에 존재하기 때문에 반응속도가 촉진된다.

해설

① 마이야르 반응(Maillard reaction)은 유리 알데하이드(aldehyde)나 케톤(ketone)기를 가진 환원당이나 가수분해되어 환원당을 만들 수 있는 당류는 아미노기를 가진 질소화합물과 상호 반응하여 멜라노이딘(melanoidine)이라는 갈색 물질을 형성하는데 이 반응을 마이야르 반응(아미노-카보닐 반응, 멜라노이딘 반응)이라고 함
② 이 반응은 식품의 색, 맛, 냄새 등을 향상시키나 라이신(lysine)과 같은 필수아미노산의 파괴를 가져오기도 함

6. 다음은 펙틴에 대해 설명한 내용이다. 〈작성 방법〉에 따라 순서대로 서술하시오. [5점]

> 덜 익은 과일이나 채소에 들어있는 (㉠)은/는 숙성됨에 따라 펙틴(pectin)으로 전환된다. 펙틴은 (㉡)이/가 α-1,4 결합으로 연결된 직쇄상 다당류로 (㉢)에 따라 고메톡실 펙틴(high methoxyl pectin)과 저메톡실 펙틴(low methoxyl pectin)으로 분류된다. 고메톡실 펙틴의 겔(gel) 형성에는 유기산과 설탕이 필요하며, ㉣ 저메톡실 펙틴의 겔 형성을 위해서는 2가 양이온이 필요하다.

〈작성 방법〉

○ ㉠, ㉡, ㉢에 해당하는 명칭과 용어를 순서대로 쓸 것
○ 밑줄 친 ㉣의 저메톡실 펙틴의 겔 형성기전에 대해 서술할 것

정답

① ㉠ 프로토펙틴 ㉡ 갈락투론산(galacturonic acid) ㉢ 메톡실기(-OCH₃, methoxylgroup)
② ㉣ 저메톡실 펙틴은 당이나 산의 양에 관계없이 Ca^{2+}, 또는 Mg^{2+}이 존재할 때 겔을 형성하므로 당의 농도가 낮은 저열량 잼이나 젤리의 제조에 이용된다.

해설

① 펙틴은 과일의 성숙도에 따라 존재하는 형태가 다름. 덜 익은 과일에는 불용성의 프로토펙틴의 형태로 존재하고, 잘 익은 과일에는 수용성의 펙틴산, 펙틴, 펙트산의 형태로 존재함
② 펙틴을 구성하는 카복실기에 메탄올이 결합한 메톡실기(-OCH₃, methoxylgroup)의 함량을 기준으로 7% 이상이면 고메톡실펙틴(high-methoxyl pectin, HMP), 7% 이하이면 저메톡실펙틴(low-methoxyl pectin, LMP)으로 분류함
③ 고메톡실 펙틴이 겔을 형성하기 위해서는 당과 산이 필수적임

10. 다음은 식품의 수분과 수분활성도에 관한 내용이다 〈작성 방법〉에 따라 서술하시오. [4점]

> 식품 중의 수분은 자유수와 결합수 형태로 존재하는데 ㉠ 식품 중에 결합수의 양이 증가하면 식품의 저장성이 향상된다. 식품의 저장성은 수분함량보다는 수분활성도의 영향을 더 많이 받는다. 일반적으로 ㉡ 식품의 수분활성도는 순수한 물의 수분활성도보다 작다.

〈작성 방법〉

○ 결합수의 성질을 고려하여 밑줄 친 ㉠의 이유 2가지를 제시할 것
○ 순수한 물의 수분활성도 값을 쓰고, 밑줄 친 ㉡의 이유를 제시할 것

🖊 정답

① ㉠ 결합수는 첫째, 미생물의 증식에 이용되지 못 하고, 둘째, 식품의 변질에 관여하는 효소반응 또는 비효소적 반응에 이용되지 않는다.
② 순수한 물의 수분활성도 값은 1이며, ㉡의 이유는 식품 중에 존재하는 물에는 당류, 염류 등 가용성 물질이 용해되어 있어 순수한 물보다 낮은 수증기압을 보이므로 식품의 수분활성도는 1보다 작다.

🖊 해설

① 결합수는 자유수에 비해 수증기압이 낮고, 용매로 작용하지 않으며, 100℃ 이상 가열해도 제거되지 않음, -40℃ 이하에서도 얼지 않으며, 일반적인 물보다 밀도가 커서 큰 압력을 가해도 제거되지 않는 물이며, 미생물 생육, 효소작용, 화학반응에 이용되지 못함
② 자유수는 대기압에서 0℃ 이하에서 얼고 건조나 탈수, 100℃ 이상 가열에 의해 쉽게 제거되며 식품 중의 당류, 염류 등을 용해하는 용매로 작용하는 물로 미생물 생육과 효소 작용, 화학반응에 이용될 수 있으며 결합수에 비해 표면장력이 큼
③ 수분활성도는 물이 식품 성분에 회합되어 있는 강도를 나타내며, 수분함량보다 미생물의 생육이나 화학반응에 의한 각종 식품 변패를 예측하는데 유용한 지표임

8. 다음은 전분의 호화에 관한 내용이다. 〈작성 방법〉에 따라 서술하시오. [4점]

생전분은 전분의 종류에 따라 특징적인 X-선 회절도를 나타내는데, 고구마 전분의 경우 (㉠)형이다. 전분이 호화되면 ㉡ 전분의 종류에 관계없이 X-선 회절도는 V형을 나타낸다. 전분의 호화는 수분함량, pH, 온도, 염류, 당 등에 의해 영향을 받으며, ㉢ 알칼리성 염류는 전분의 호화를 촉진시키고, ㉣ 고농도의 당은 전분의 호화를 억제시킨다.

〈작성 방법〉

○ 괄호 안의 ㉠에 들어갈 유형의 명칭을 제시할 것
○ 밑줄 친 ㉡, ㉢, ㉣의 이유를 각각 1가지씩 제시할 것

정답

① ㉠ C형
② ㉡ 전분의 호화가 일어나면 전분의 미셀(micelle) 구조가 붕괴되므로 전분분자 내에 있는 결정성 영역이 존재하지 않기 때문에 V형 X선 간섭도를 나타낸다.
   ㉢ 염류는 팽윤을 촉진시켜 전분의 호화온도를 내려줌으로써 호화가 촉진된다.
   ㉣ 당은 물을 흡수하므로 팽윤이 늦어지고 호화온도가 높아지기 때문이다.

해설

① 호화는 생전분에 물을 넣고 가열하면 온도가 상승하여 60~65℃ 부근에서 수화 팽윤하고 미셀이 붕괴되어 점성과 투명도가 증가하면서 반투명의 콜로이드(colloid)용액을 형성하는 물리적 변화임
② 전분의 X선 회절도를 조사하면 β전분은 A형(쌀, 옥수수), B형(감자, 밤), C형(고구마, 완두, 칡)으로 나타나는 반면에 α전분은 모두 V형임

9. 다음은 유지의 화학적 성질에 관한 내용이다. 〈작성 방법〉에 따라 서술하시오. [4점]

유지는 요오드가에 따라 건성유, 반건성유 및 불건성유로 분류되며, 건성유는 ㉠ 반건성유 및 불건성유보다 일반적으로 산화되기 쉽다. (㉡)가는 ㉢ 야자유(팜핵유, palm kerneloil) 검정에 이용되며, 라이헤르트-마이슬(Reichert-Meissl)가는 마가린의 0.5~5.5보다 ㉣ 버터가 22~34로 현저히 높아 이들의 구별에 이용된다.

〈작성 방법〉

○ 밑줄 친 ㉠의 이유를 제시할 것
○ 괄호 안의 ㉡에 들어갈 명칭을 쓰고, 밑줄 친 ㉢의 이유를 제시할 것
○ 밑줄 친 ㉣의 이유를 제시할 것

정답

① ㉠의 이유는 요오드가가 높은 건성유는 이중결합이 많기 때문에 산화되기 쉽기 때문이다.
② ㉡ 폴렌스케가(폴렌스케값), ㉢의 이유는 폴렌스케가는 불용성·휘발성 지방산의 양을 측정하는 값으로 야자유(팜핵유)가 수용성인 휘발성 지방산은 적고 불용성인 휘발성 지방산이 많기 때문이다.
③ ㉣의 이유는 라이헤르트-마이슬(Reichert-Meissl)가는 유지 중 수용성·휘발성 지방산의 함량을 나타내는 척도로, 버터는 물에 잘 녹는 부티르산, 카프로산 수용성의 휘발성 지방산의 양이 많기 때문이다.

해설

① 요오드가
• 유지 분자 내의 이중결합수, 즉 유지의 불포화도를 파악하는 척도로 사용함
• 건성유는 요오드가 130 이상, 반건성유는 요오드가 100~130, 불건성유는 요오드가 100이하임
② 폴렌스케값
• 유지 5g에 함유된 불용성 휘발성 지방산을 중화하는 데 필요한 0.1N 수산화칼륨(KOH) 용액의 mL 수로 표시함
• 팜유는 16.8~18.2, 버터는 1.5~3.5, 일반유지는 1.0 이하임
③ 라이헤르트-마이슬(Reichert-Meissl)가
• 버터의 위조 검정에 이용됨

2021년도 기출문제 B형

8. 다음은 단백질 식품의 부패에 관한 내용이다. 〈작성 방법〉에 따라 서술하시오. [4점]

> 단백질 식품이 부패하면 암모니아, ㉠ 이산화탄소와 아민류, 황화수소, ㉡ 인돌(indole), 스카톨 등의 악취 성분과 유독 성분이 생성된다. 특히 상어, 가오리 등의 연골어류는 ㉢ 다량의 암모니아를 생성하며, 꽁치, 고등어 등의 등푸른 적색어류는 (㉣)(으)로부터 대표적인 알레르기성 식중독 유발물질인 히스타민(histamine)을 생성한다.

〈작성 방법〉

○ 밑줄 친 ㉠, ㉡, ㉢의 생성 반응을 각각 1가지씩 제시할 것
○ 괄호 안의 ㉣에 들어갈 아미노산의 명칭을 제시할 것

✎ 정답

① ㉠ 염기성 아미노산인 라이신(lysine)이 탈탄산(decarboxylation)되면 이산화탄소와 부패독인 아민류 카다베린(cadaverine)을 생성한다.
  ㉡ 인돌(indole)은 tryptophanase를 분비하는 세균의 작용에 의해 트립토판(tryptophan)이 가수분해되어 생성된다.
  ㉢ 자가소화에 의해 요소는 암모니아를 생성한다.
② ㉣ 히스티딘

✎ 해설

① 식품의 변질
  • 부패(putrefaction) : 미생물의 번식으로 단백질이 분해되어 아미노산, 아민, 암모니아, 악취 등이 발생하는 현상
  • 산패(rancidity) : 지방의 산화로 aldehyde, ketone, ester, alcohol 등이 생성되는 현상
  • 변패(deterioration) : 식품 중의 당질이나 지방질이 미생물에 의해 분해되어 변질되는 현상
② 탈탄산 반응(decarboxylation)
  • 타이로신(tyrosine)이 탈탄산(decarboxylation)되면 이산화탄소와 부패독인 아민류 티라민(tyramine)을 생성함
  • 트립토판(tryptophan)이 탈탄산(decarboxylation)되면 이산화탄소와 부패독인 아민류 트립타민(tryptamine)을 생성함
③ Proteus균에 의한 식중독
  • 등푸른 적색어류의 육질에는 히스티딘(histidine)의 함유량이 많음
  • 히스티딘(histidine)이 proteus morgani에 의해 탈탄산되어 히스타민(histamin)이 생산되며, 이것이 축적된 것을 섭취할 때 알레르기 식중독을 일으킴

9. 다음은 전분에 관한 내용이다. 〈작성 방법〉에 따라 서술하시오. [4점]

> 전분은 아밀로오스(amylose)와 아밀로펙틴(amylopectin)으로 구성되어 있다. 아밀로오스는 ㉠ 요오드 정색반응에서 청색을 나타내며, ㉡ 아밀로펙틴에 비해 노화되기 쉽다. 전분은 α-아밀레이스(amylase)와 β-아밀레이스 등에 의해 가수분해 되는데, ㉢ α-아밀레이스는 액화효소, ㉣ β-아밀레이스는 당화효소라고 한다.

〈작성 방법〉

○ 밑줄 친 ㉠과 ㉡의 이유를 아밀로오스의 구조와 관련지어 각각 제시할 것
○ 밑줄 친 ㉢과 ㉣의 이유를 효소의 작용 기전과 관련지어 각각 제시할 것

🖋 정답

① ㉠ 아밀로오스는 나선 구조 내부에 소수성을 띠므로 지방산 분자나 요오드 분자가 들어가서 포접화합물(inclusion compound)을 형성하여 청색의 요오드 정색반응을 나타내며, ㉡전분을 가열하였을 때 용출된 아밀로스는 냉각되면서 겔 매트릭스(matrix)를 형성하며 노화가 쉽게 진행된다.
② ㉢ α-아밀레이스는 전분의 α-1,4 결합을 무작위로 가수분해하는 내부 효소로 덱스트린을 형성하며, 계속해서 맥아당과 포도당으로 분해되고, 전분을 가수분해하여 용액상태로 만들므로 액화효소이다. ㉣ β-아밀레이스는 전분의 α-1,4 결합을 비환원성 말단에서부터 맥아당 단위로 가수분해하여 맥아당과 포도당의 함량을 증가시켜 단맛을 높이므로 당화효소이다.

🖋 해설

① 전분의 구조
- 아밀로오스 분자는 α-1,4결합의 직선상의 분자로 나타내고, 이 아밀로오스 분자는 6개의 글루코스 단위로 오른쪽으로 회전하는 α-나선형 구조로 되어 있음
- 아밀로펙틴은 나선상의 형태를 이루고 있지 않으므로 포접화합물을 형성하지 않으며 요오드와 거의 반응하지 않고 아밀로오스와 달리 정색 반응에 의한 빛깔은 자주색임
② 노화된 아밀로스는 이중나선형 구조를 형성하기 때문에 가열에 의해 가역적인 반응이 일어나지 않고 155℃ 근처에서 용융됨

2022년 기출문제 A형

3. 다음은 효소에 관한 설명이다. 괄호 안의 ㉠, ㉡에 해당하는 용어를 순서대로 쓰시오. [2점]

○ 효소는 효소위원회의 명명법에 따라 다음과 같이 7가지로 분류할 수 있다.
- 산화환원효소(oxidoreductases)
- 전이효소(transferase)
- (㉠)
- 제거효소(lyases)
- 이성화효소(isomerases)
- 합성효소(ligases)
- 자리옮김효소(translocases)*

  *2018년 8월 추가됨

○ 전분의 당화에 사용되는 α-아밀라아제, β-아밀라아제 등은 (㉠)의 일종이다.

○ 식품을 저장·조리·가공할 때, 식품의 색이 갈색으로 변하는 현상을 갈변이라 한다. 효소적 갈변 반응에는 티로시나아제(tyrosinase) 및 (㉡)에 의한 멜라닌 형성 반응이 있다.

○ 폴리페놀(polyphenol)류는 (㉡)에 의하여 퀴논류 화합물로 전환되고 그 이후 갈색의 중합체를 형성한다. 이는 사과나 배 등에서 나타나는 갈색화의 원인이 된다.

  정답

㉠ 가수분해효소(hydrolase) ㉡ 폴리페놀산화효소(polyphenoloxidase)

✏️ **해설**

1. 효소의 특성과 기능
    ① 효소의 촉매작용은 특정 기질에만 선택적으로 작용함
    ② 효소는 고분자의 단순 또는 복합단백질로서 단백질 분해효소에 의해 분해되고 열과 pH에 의해 변성되어 활성을 잃게 됨
    ③ 복합단백질로 된 효소의 경우 단순단백질 부분을 아포효소(apoenzyme)라 하고 비단백질 부분을 조효소(apoenzyme)라 하며, 단백질과 비단백질의 두 부분이 결합된 형태를 완전효소(holoezyme)라 함

2. 효소의 분류
    ① 산화환원효소 : 수소 원자나 전자의 이동 또는 산소 원자를 기질에 첨가하는 반응을 촉매하는 효소로 polyphenol oxidase, polyphenolase, catalase, peroxidase, ascorbic acid oxidase, lipoxygenase 등이 있음
    ② 전이효소 : methyl기, amino기, acetyl기, phospho기 등을 한 기질에서 다른 기질로 전달하여 반응을 촉매하는 효소로 methyltransferase, aminotransferase, acyltransferase, phosphotransferase 등이 있음
    ③ 가수분해효소 : 유기화합물의 공유결합을 가수분해하는 효소로 amylase, protease, esterase, nuclease, amidase 등이 있음
    ④ 제거효소 : 기질에서 카르복실기, 알데히드기, H_2O, NH_2 등을 분리하여 기질에 이중 결합을 만들거나 반대로 이중결합에 원자단을 부가시키는 반응을 촉매하는 효소임
    ⑤ 이성화효소 : 광학적 이성체(D형 ↔ L형), keto ↔ enol 등의 이성체 간의 전환 반응을 촉매하는 효소임
    ⑥ 합성효소 : 결합 및 합성에 관여하는 효소

2022년 기출문제 B형

4. 다음은 단백질의 성질에 관한 내용이다. ⟨작성 방법⟩에 따라 서술하시오. [4점]

> 단백질이 가열, 산, 알칼리, 염류 등에 의해 응고되거나 물리·화학적 작용에 의해 고유의 구조가 달라지면서 본래의 성질과 다른 상태가 되는 것을 (㉠)(이)라고 하며, 이때에도 ㉡ 단백질의 1차 구조는 변하지 않는다. 치즈는 우유 단백질을 응고시킨 대표적인 식품으로 우유에 산을 넣거나, ㉢ 응유효소인 레닌을 첨가하여 제조한다.

⟨작성 방법⟩

○ 괄호 안의 ㉠에 해당하는 용어를 쓰고, 밑줄 친 ㉡의 이유를 서술할 것
○ 치즈 제조 시 밑줄 친 ㉢과 반응하여 생성되는 물질의 명칭을 쓰고, 그 응고 기전을 우유 속 무기질 성분을 포함하여 서술할 것

🖉 **정답**

---

① ㉠ 단백질 변성, ㉡의 이유는 단백질의 1차구조는 여러 종류의 아미노산들이 아미노기와 카르복실기 간에 펩타이드(peptide)으로 연결된 고분자화합물이므로 이 펩타이드 결합은 강하고 쉽게 분해되지 않기 때문에 단백질의 변성에서 단백질의 1차 구조는 변화되지 않는다.

② ㉢ 파라-κ-카제인(para-κ-카제인)과 글리코펩타이드, 응유효소인 레닌이 κ-카제인에 작용하면 파라-κ-카제인과 당을 함유한 글리코펩타이드로 분해되면서 카제인 미셀은 불안정해지고 Ca^{2+}과 결합하며 응고된다.

해설

1. 단백질의 변성
   ① 물리적 요인에 의한 변성 : 가열, 동결, 압력, 교반 등
   ② 화학적 요인에 의한 변성 : pH, 염류, 계면활성제, 금속 등
   ③ 변성단백질의 특징은 용해도 감소, 점도 증가, 소화율 향상 또는 감소, 생물학적 활성 상실 등
      이 나타남
2. 효소에 의한 변성
   ① 응유효소인 레닌은 κ-카제인의 105번째 페닐알라닌과 106번째 메티오닌 사이의 펩티드 결합
      을 분해하여 친수성 부분을 분리시킴으로써, 이 결과 소수성인 파라-κ-카제인과 산성인 가용성
      글리코펩타이드로 분해되어 미셀구조가 불안정해짐
   ② 분리된 파라-κ-카제인은 칼슘에 의해 불용화되고 미셀들은 결합하여 침전함

제 **7** 과목

조리원리

2014년도 기출문제 A형 / 기입형

9. 프라이팬을 가열하고 대두유를 둘렀더니 시간이 지나자 푸른 연기가 피어났다. 이 연기의 성분은 대두유의 가열 분해 산물인 (㉠)(으)로부터 생성된 (㉡)이다. 괄호 안의 ㉠, ㉡에 해당하는 용어를 순서대로 쓰시오(단, 대두유에 포함되어 있는 이물질은 제외함). [2점]

 정답

㉠ 글리세롤   ㉡ 아크로레인(acrolein)

 해설

① 유지를 가열하여 어느 온도에 도달하면 지방이 지방산과 글리세롤로 분해되며, 글리세롤은 다시 아크롤레인으로 분해되며 푸른 연기를 내기 시작함
② 튀김용 기름은 발연점이 높고 향을 갖고 있지 않은 식물성 기름을 사용함
③ 튀김기름으로 바람직한 3가지 기름은 대두유, 옥수수유, 면실유임

12. 다음은 영양교사와 학생의 대화 내용이다. ( ) 안에 들어갈 용어를 쓰시오. [2점]

> 선생님, 어제 엄마가 맛있는 스테이크를 해주신다고 소고기를 사 오셨어요. 그런데 소고기의 색깔이 매우 검붉었고 구워 먹으니 조금 질겼어요. 왜 그런 걸까요?

> 가장 중요한 원인은 소가 죽기 직전 근조직의 (　　)함량이 낮아서 고기가 숙성이 덜 되었기 때문이란다.

🖊 정답

글리코겐

🖊 해설

① 사후강직은 동물이 도살된 후 체내로 산소공급이 중단되면 근육에 저장되어 있던 글리코겐은 해당작용에 의해 젖산이 생성되면서 pH가 감소하여 산성으로 변함

② 체내의 pH가 6.5 이하로 떨어지면서 근육에 존재하고 있는 액틴과 미오신이 수축하여 액토미오신을 생성하면서 고기는 단단해진다. 육질이 단단해지고 보수성이 감소된 사후강직 상태에서는 조리하여도 육질이 부드러워지지 않음

③ 숙성 시에는 액토미오신의 결합이 약화되고 근육 내에 존재하는 단백질분해효소에 의해 분해되어 근육의 길이가 짧아지고 보수성과 신장성이 증가하고, 조직이 연화됨

2. 학생들이 텃밭에서 기른 고구마를 수확하여 크기와 중량이 같은 두 고구마를 다음 2가지 방식으로 오븐에서 구웠다.

> (가) 120℃에서 40분 동안 구움
> (나) 65℃에서 30분 동안 구운 후 120℃에서 27분 동안 더 구움

두 고구마의 단맛을 비교해 보니 (나)의 고구마가 더 달았다. (나)의 고구마가 더 달게 된 반응 과정과 이유를 서술하시오(단, 수분 함량의 차이를 제외함). [3점]

🖊 정답

고구마에는 β-amylase가 있어 전분의 α-1,4 결합을 비환원성 말단에서부터 맥아당 단위로 가수분해하여 단맛을 내는 당화작용이 일어난다. (나)의 고구마가 더 단맛을 내는 이유는 고구마 의 내부 온도가 β-amylase의 최적온도인 65℃ 정도를 오래 유지하여 서서히 가열되므로 이 효소에 의한 당화가 잘 진행되었기 때문이다.

🖊 해설

① 고구마는 당질이 30% 내외로 주식 대용 식품으로 이용가능함
② 고구마의 주단백질은 이포메인(ipomain)이고, 색소는 카로틴임

8. 다음은 식품의 특성에 관한 설명이다. 괄호 안의 ㉠, ㉡에 해당하는 명칭을 순서대로 쓰시오. [2점]

> ○ 양배추의 글루코시놀레이트(glucosinolate)는 효소에 의해 가수분해되어 향미성분을 생성하는데, 이 향미 성분 중의 (㉠)이/가 가열조리에 의해 (㉡)을/를 생성하면 불쾌취의 원인이 된다.
> ○ 밀가루를 반죽하면 밀가루 단백질 중 (㉠)을/를 함유하는 아미노산이 분자 내 교차 결합을 하여 입체 망상구조가 형성된다.
> ○ 초고온살균한 우유에서 나는 가열취의 원인은 주로 유청 중의 베타 락토글로불린(β-lactoglobulin)이 분해될 때 발생하는 (㉡) 때문이다.

정답

㉠ 황화합물　㉡ 황화수소(H_2S)

해설

① 배추류에는 시니그린(sinigrin)이라는 알릴 이소티오시아네이트의 배당체인 황화합물이 함유되어 있어 조직을 절단하면 미로시네이즈의 효소작용에 의해 겨자유(알릴 이소티오시아네이트, 생배추 썰 때 나는 향긋한 냄새)가 생성. 배추류를 가열조리하면 겨자유가 분해되어 다이메틸다이설파이드와 황화수소 등이 생성되어 불쾌취를 나타냄

② 밀가루는 글루텐이 수화되면서 3차원 망상구조를 이뤄 점탄성이 있으며, 밀가루 반죽을 오래 치대면 밀 단백질의 시스틴의 다이 설파이드기(황화합물)와 글루타민의 아미이드기가 분자 내 또는 분자 간 결합을 형성하여 입체적 망상구조를 형성함

③ 우유를 75℃ 이상 가열하면 락토글로불린은 열에 의하여 단백질이 변성되면서 활성화된 SH기에서 생겨난 것으로서 휘발성 황화합물이나 황화수소(H_2S)를 형성하여 가열취를 냄

2. 다음의 (가)는 A 중학교의 식단 게시판이고, (나)는 B학생이 '식혜 만들기'에 대해 작성한 내용이다. 물음에 답하시오. [10점]

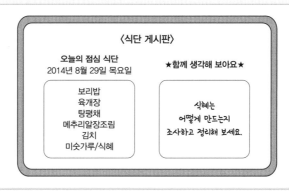

〈식단 게시판〉

오늘의 점심 식단
2014년 8월 29일 목요일

보리밥
육개장
탕평채
메추리알장조림
김치
미숫가루/식혜

★함께 생각해 보아요★

식혜는
어떻게 만드는지
조사하고 정리해 보세요.

(가)

식혜 만들기

첫째 : 엿기름 준비하기

둘째 : 엿기름물 만들기

엿기름가루를 천 주머니에 넣어 찬물에 담갔다가 30분 정도 주물럭거리면서 우린다. 엿기름가루의 물을 가만히 놓아 두어 가라앉힌 후, 맑은 물을 따라 모은다.

셋째 : 엿기름물과 밥 섞기

보온밥통에 밥과 맑은 엿기름물을 넣는다. 2~3시간 후 밥통 안의 밥알이 동동 뜨기 시작하면, 식혜밥을 체에 밭쳐 낸 후 바로 ⊙ 냉수에 씻어서 냉장고에 넣어 둔다. 남아 있는 식혜 물은 ⓒ 펄펄 끓인 후 식혀 냉장고에 넣어 두었다가 먹을 때 식혜밥과 설탕을 조금 넣어 먹는다.

(나)

○ (가)의 점심 식단에 활용된 전분 특성을 모두 나열하시오.

○ 전분성 식품이 인류의 주식으로 사용될 수 있는 이유를 3가지 들어 논하시오.

○ 밥이 식혜가 되는 과정을 효소와 관련지어 설명하고, (나) 과정에 나타난 효소의 활성화 조건을 서술하시오. 또한 밑줄 친 ㉠, ㉡의 공통된 목적을 쓰고, 이 과정이 필요한 이유를 식혜의 관능 특성 측면에서 2가지 서술하시오.

🖊 정답

① 탕평채 : 전분의 젤화, 미숫가루 : 전분의 호정화, 식혜 : 전분의 당화

② 전분성 식품이 인류의 주식으로 사용될 수 있는 이유는 첫째, 에너지 공급원으로 매우 중요하고, 소화가 쉽고, 둘째, 전세계적으로 많이 생산되어 쉽게 구할 수 있고, 생산비가 적게 들어 가격이 저렴하다. 셋째, 오랜 기간 저장할 수 있다.

③ 식혜는 엿기름에 들어있는 아밀라아제 효소(α-아밀라아제. β-아밀라아제)에 의해 쌀 전분의 일부를 맥아당과 포도당으로 가수분해시켜 단맛을 내고, β-아밀라아제의 최적온도 60~65℃(보온밥통 이용)에서 당화시켰을 때 환원당의 함유량이 가장 커 식혜의 단맛이 높아진다.

④ ㉠, ㉡의 공통된 목적은 가수분해를 중단시키기 위해서이고, 이유는 첫째, 밥알이 뜨게 하려면 당화가 완료된 후 밥알을 건져내고, 밥알의 단맛이 남아있지 않도록 찬물에 헹군 후 물기를 빼서 보관한다. 둘째, 식혜의 고유한 색을 내기 위함이다.

🖊 해설

① 전분의 젤화(gelation)는 전분을 냉수에 풀어서 열을 가하면 호화가 일어나는데, 호화된 전분이 급속히 식어서 굳어지는 현상

② 전분의 호정화(dextrinizatin)는 전분에 물을 가하지 않고 150~190℃ 정도로 가열하면 전분 분자의 부분적인 가수분해 또는 열분해가 일어나 가용성 전분을 거쳐 덱스트린(dextrin)이 생성됨

③ 전분의 당화(saccharification)는 전분을 당화효소나 산을 이용하여 가수분해하여 단당류, 이당류 또는 올리고당으로 만들어 단맛을 얻는 과정임

6. 다음은 오이지와 오이피클의 질감에 대한 설명이다. 괄호 안의 ㉠, ㉡에 해당하는 물질의 명칭을 순서대로 쓰시오. [2점]

> 오이지를 담글 때 천일염을 사용하거나, 오이피클을 만들 때 염화칼슘을 사용하면 질감이 더 아삭해진다. 이들 염에 들어있는 (㉠) 이온이 오이의 세포간질의 구성 성분 중 하나인 (㉡)와/과 결합하여 세포벽이 단단하게 강화되기 때문이다. (㉡)은/는 수용액에서 겔(gel)을 형성하기도 한다.

정답

㉠ 칼슘이온(Ca^{2+})   ㉡ 펙틴

해설

천일염(호렴)에는 마그네슘이나 칼슘이 함유되어 있어 세포의 세포막의 펙틴과 결합하여 물에 잘 녹지 않는 염을 형성하기 때문에 채소의 조직을 단단하게 함

12. 치즈는 우유 단백질인 카제인(casein)의 등전점(isoelectric point)을 이용하여 제조한 식품이다. 카제인의 등전점(pH 4.6)보다 pH가 높을 때와 낮을 때 우유에 있는 카제인의 순전하(net charge)가 어떻게 변화되는지 설명하고, 치즈의 제조 원리를 카제인의 순전하와 정전기적 반발력(electrostatic repulsion)을 이용하여 설명하시오. [4점]

정답

① 우유의 카제인 등전점인 pH 4.6보다 높을 때는 카제인에 유리된 카복실기가 많아 순전하가 음성(알칼리성)을 띠고, 반대로 우유의 pH가 4.6보다 낮을 때는 카제인에 유리된 아미노기가 많아 순전하가 양성(산성)이다. 젖산균 등 산성물질을 첨가하여 우유의 pH를 카제인의 등전점인 pH4.6으로 맞추면 순전하가 중성이 되어 정전기적 반발력이 최소화하고 단백질을 응고한다.

② 카제인은 칼슘 포스포카제이네이트로 존재하는데, 칼슘은 양전하인 Ca^{2+}로 존재하고, 카제인 인과 함께 포스포카제인으로 음전하를 띠게 되어 같은 전하끼리 서로 반발하여 큰 덩어리를 형성하지 않는다. 우유에 산을 첨가하면 수소이온에 의해 칼슘 포스포카제이네이트의 칼슘(Ca^{2+}) 이온 대신에 수소이온이 카제인과 결합하여 전하를 띄지 않아 응유된다. 이 원리를 이용한 치즈는 코티지 치즈, 크림 치즈, 모짜렐라 치즈이다.

해설

① 우유의 단백질은 약 80%가 카제인이고, 나머지는 유청단백질임
② 신선한 우유의 카제인은 칼슘과 인이 결합된 칼슘 포스포케제네이트(calcium phosphocaseinate)로서 안정한 콜로이드 형태인 미셀을 이루고 있음
③ 카제인은 산, 효소, 페놀화합물과 염에 의해 응고됨

13. 다음은 재래식 간장 만드는 과정을 간략히 도식화한 것이다. 밑줄 친 과정 ㉠, ㉡의 효과를 순서대로 쓰고, 그 효과가 나타나는 이유를 순서대로 1가지씩 서술하시오. [4점]

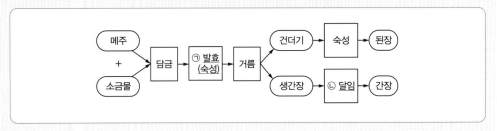

🖋 **정답**

① ㉠ 독특한 맛과 향기 성분이 생성된다. 그 이유는 숙성 과정 중에 대두에 함유된 전분과 단백질이 효소에 의해 분해되어 단맛과 감칠맛이 생성되기 때문이고, 또한 알코올성 방향물질이 생성된다.

② ㉡ 살균과 농축의 효과가 있다. 그 이유는 가열에 의해 효소를 불활성화시켜 발효가 진행되지 않도록 하고, 졸여서 농도를 농축시키는 효과가 있다.

🖋 **해설**

① 재래식 간장은 전통 메주를 사용하여 농도가 Be' 18~19°인 소금물에 담가 40~50일간 발효시킨 다음 메주를 걸러 낸 생간장을 달인 후 6개월 이상 숙성시켜 제조함

② 재래식 간장은 마이야르 반응 등에 의해 진한 갈색을 띰

7. 다음은 여고생 정현이와 영양교사의 대화 내용이다. 괄호 안의 ㉠에 공통으로 해당하는 물질의 명칭과 ㉡에 해당하는 용어를 순서대로 쓰시오. [2점]

> 정   현 : 선생님, 어제 제가 엄마하고 과일 젤리를 만들었는데, 처음 만든 것 치고는 잘 만든 것 같아요. 맛있었어요.
>
> 영 양 교 사 : 그랬구나. 젤리를 만들 때 무엇을 넣고 굳혔니?
>
> 정   현 : (㉠)을/를 넣고 굳혔는데, 젤리가 좀 단단하던데요.
>
> 영 양 교 사 : 그래, (㉠)을/를 넣고 굳히면 젤리가 불투명하고 단단해.
>
> 정   현 : 저는 냉장고에 넣어야 굳는 줄 알았는데, 실온에서도 잘 굳었어요.
>
> 영 양 교 사 : 그렇단다. 그리고 굳힌 젤리를 냄비에 넣고 끓이면 80~85℃ 이하에서는 녹지 않지만, 온도를 더 높이면 녹으니까 모양을 다시 만들 수도 있어.
>
> 정   현 : 그렇군요. 그런데 단점은 없나요?
>
> 영 양 교 사 : (㉡)이/가 일어나기 쉬워. 하지만 (㉠)의 농도를 1% 이상으로 높이고 설탕을 60% 이상 첨가하면 덜 일어날 수 있단다.

정답

㉠ 한천   ㉡ 이액현상(syneresis)

해설

① 한천은 홍조류인 우뭇가사리로서 젤 형성 능력이 큰 아가로스와 젤 형성 능력은 약하지만 점탄성이 있는 아가로펙틴으로 구성되어 있음

② 한천은 갈락토오스로 구성된 다당류인 복합다당류(galactan)임

③ 한천을 물에 넣고 온도가 90℃ 이상이 되도록 가열해야 졸 상태의 콜로이드용액이 되고, 25~30℃로 냉각하면 단단한 젤을 형성함

④ 이액현상은 젤에서 시간이 지남에 따라 망상구조 내의 수분과의 결합이 약해져 내부의 수분을 방출하는 현상임

4. 다음 표와 같은 배합으로 (가)~(라)의 달걀액을 각각 만들어 **90℃** 정도의 온도에서 배합 이외에는 모두 동일한 조건으로 달걀찜을 만들었다. 다음에 제시한 〈조건〉을 고려하여 완성된 달걀찜의 단단한 정도에 따라 (가)~(라)를 부드러운 것부터 나열하고, 그 이유를 설명하시오. [4점]

종류	전란 푼 것(g)	물(g)	우유(g)	소금(g)	설탕(g)
(가)	30	70	-	-	-
(나)	30	-	70	1	-
(다)	30	70	-	1	-
(라)	30	70	-	-	2

〈조건〉

○ 첨가한 소금과 설탕이 달걀액의 희석 정도에 미치는 영향은 무시할 것

○ 물과 우유의 비중 차이는 무시할 것

○ 우유의 단백질이 달걀액의 단백질 농도에 미치는 영향은 무시할 것

 정답

① (라), (가), (다), (나) 순임

② 그 이유는 첫째, 설탕은 단백질 분자의 재결합을 방해하기 때문에 열 응고성을 감소시키기 때문에 설탕의 첨가는 겔의 응고온도를 높여주며, 부드럽고 탄력 있는 겔을 형성한다. 둘째, 염은 물속에서 해리되어 단백질의 (-)전하를 중화시켜 응고를 쉽게 해 주고, 원자가 클수록 단백질의 겔을 단단하게 하는 효과가 크므로 우유의 칼슘이온(Ca^{2+})이 소금의 나트륨(Na^+)보다 응고가 촉진되어 단단한 응고물을 얻을 수 있다.

해설

① 난백의 응고온도는 약 55~57℃에서 응고가 시작되고, 65℃에서 완전응고된다. 난황의 응고온도는 65℃에서 응고가 시작되고, 70℃에서 응고됨

② 달걀 단백질의 열응고성은 달걀의 희석 정도, 가열온도와 시간, 염, 설탕과 pH에 영향을 받음

7. 다음은 캔디 제조 과정을 간략히 도식화한 것이다. 괄호 안의 ㉠, ㉡에 해당하는 캔디를 순서대로 쓰시오. [2점]

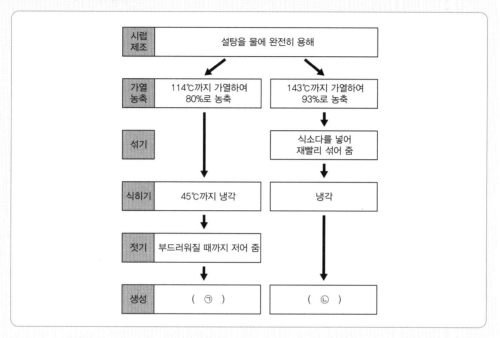

🖉 **정답**

㉠ 폰당   ㉡ 브리틀

🖉 **해설**

① 결정형 캔디는 고농도의 설탕 용액을 냉각시켜 과포화 상태에서 저어 미세한 설탕 결정이 시럽 속에 있는 캔디로 퍼지, 폰당, 디비니티 등이 있음

② 비결정형 캔디는 결정형 캔디에 비해 가열온도가 높은 온도에서 처리하여 설탕 시럽을 약 90%의 고농도로 하고 결정방해물질을 넣어 결정이 생기지 못하도록 한 캔디로 캐러멜, 브리틀, 태피, 토피, 마시멜로 등이 있음

5. 두부는 물에 불린 대두를 분쇄하여 끓인 후 여과하여 얻은 두유에 응고제를 넣어 단백질을 응고시켜 압착한 것이다. 두부를 만들 때 대두를 분쇄한 후 끓이는 목적 2가지를 쓰시오. 그리고 응고제인 글루코노델타락톤(glucono-δ-lactone)과 염화칼슘(CaCl₂)을 사용하였을 때의 차이를 응고 기전 및 보수성(保水性)과 관련지어 서술하시오. [4점]

정답

① 목적은 첫째, 펩티드 결합이 풀려서 소화성이 증가하고, 둘째, 트립신 저해물질이나 적혈구 응집소 등의 기능 상실로 단백질의 이용률이 증가한다.

② 첫째, 글루코노델타락톤(glucono-δ-lactone)은 산 응고제로 두유 온도 85~90℃일 때 2%의 응고제를 넣어주며, 표면이 매끄럽고 수율이 좋아 조직이 부드러운 순두부(연두부) 제조에 이용된다. 둘째, 염화칼슘(CaCl₂)은 염 응고제로 75~80℃일 때 1%의 응고제를 넣으며 사용이 편리하고 물 빠짐이 좋아 튀김 두부용으로 많이 사용한다.

해설

① 두부는 두유에 응고제를 첨가하여 대두 단백질인 글리시닌을 응고시켜 압착한 것으로 소화율이 증가된 식품

② 두부 응고제의 종류는 염석의 원리를 이용한 응고제 황산칼슘(CaSO₄), 염화마그네슘(MgCl₂), 염화칼슘(CaCl₂)이 있고, 산응고제인 글루코노델타락톤(glucono-δ-lactone)이 있음

2019년도 기출문제 A형

8. 다음은 카스텔라에 대한 내용이다. 괄호 안의 ㉠, ㉡에 해당하는 주된 단백질의 명칭을 순서대로 쓰시오. [2점]

> 카스텔라는 난황에 설탕, 물엿, 물을 넣어 충분히 젓고, 여기에 거품을 낸 난백과 밀가루를 함께 넣어 가볍게 저은 후 오븐에서 구운 것이다. 카스텔라가 폭신폭신하고 부드러운 이유는 거품 형성이 큰 (㉠)와/과 거품을 안정화시키는 (㉡), 그리고 유화성이 있는 레시틴이 기여하기 때문이다.

정답

㉠ 오보글로불린 　 ㉡ 오보뮤신

해설

① 기포 형성과 관련있는 난백단백질은 오보글로불린, 오보뮤신이 있음
② 오보글로불린은 거품을 형성하는데 주로 기여하고, 오보뮤신은 형성된 거품을 안정화시킴

7과목 · 조리원리

7. 다음 내용은 중학교 조리실에서 쇠고기 버섯전골을 실습하면서 영양교사와 학생이 나눈 대화이다. 〈작성 방법〉에 따라 순서대로 서술하시오. [5점]

> 영 양 교 사 : 오늘은 쇠고기 버섯전골을 실습하려고 해요. 우선 재료부터 알려줄게요. 재료
> 는 쇠고기, 건 표고버섯, 느타리버섯, 팽이버섯, 다시마 우린 물, 두부, 당근, 호
> 박, 양파, 마늘, 국 간장을 준비했어요.
> 학　　　　생 : 건 표고버섯을 그대로 사용하면 되나요?
> 영 양 교 사 : 물이나 설탕물에 살짝 불려 사용하세요.
> 학　　　　생 : 선생님! 건 표고버섯에서 독특한 향이 나는데 이 향의 주된 성분이 무엇인가요?
> 영 양 교 사 : (㉠)이에요.
> 학　　　　생 : 다시마 우린 물에 표고버섯을 넣어 끓이면 맛이 더 좋아지나요?
> 영 양 교 사 : 그래요. (㉡) 때문이에요.
> 학　　　　생 : 선생님! 두부는 어떻게 할까요?
> 영 양 교 사 : 전골 마지막 단계에 ㉢ 국 간장으로 심심하게 간을 하여 적당한 크기로 썬 두
> 부를 넣어서 살짝 끓이면 맹물에서 끓이는 것보다 더 부드러워져요.

〈작성 방법〉

○ ㉠에 해당하는 성분을 쓸 것
○ ㉡에 해당하는 「맛의 상호작용」의 유형을 쓰고, 이 유형을 다시마와 표고버섯의 대표적인
　감칠맛 성분과 관련하여 서술할 것
○ 밑줄 친 ㉢의 이유를 서술할 것(단, 두부는 일반간수를 이용하여 제조하였음)

✎ **정답**

① ㉠ 렌티오닌
② ㉡ 맛의 상승효과로 다시마의 글루탐산과 표고버섯의 구아닐산(5'-GMP)의 감칠맛 성분을 혼합
　할 때 감칠맛이 더 강해진다.
③ ㉢의 이유는 조리수에 염분이 있으면 소금의 나트륨 이온이 두부 속에 있는 미결합상태의 칼슘이
　온과 단백질이 결합하는 것을 방해하기 때문이다.

해설

① 맛의 상승효과(synergistic effect)는 서로 같은 맛 성분을 혼합할 때 각각의 맛보다 강해지는 현상임

② 일반적인 간수라고 부르는 응고제는 바닷물 또는 소금물로부터 염화나트륨(NaCl)을 결정화시켜 제거한 여액을 말하며, 주성분은 염화마그네슘, 황산칼슘, 황산마그네슘임

③ 최근에는 바닷물 오염으로 인해 미량의 유해성분이 혼입될 가능성이 있어 염화마그네슘만을 99% 이상으로 정제한 정제간수를 사용하는 경우가 있음

2020년도 기출문제 A형

12. 다음은 영양교사와 학생의 대화내용이다. 〈작성 방법〉에 따라 서술하시오. [4점]

> 학　　　　　생 : 선생님! 신선한 바다 생선은 비린내가 왜 안 나나요?
> 영 양 교 사 : 신선한 바다 생선은 약간의 단맛과 무취의 (㉠)(이)라는 물질이 표피점액에 있는데, 그 물질은 비린내가 없기 때문이에요. 하지만 생선을 잘못 보관하거나 시간이 지날수록 (㉠)이/가 ㉡ 강한 비린내를 내게 되지요.
> 학　　　　　생 : 그렇군요. 생선을 조리할 때 비린내를 제거하는 방법이 있나요?
> 영 양 교 사 : 물론이죠. 비린내를 제거하는 방법이 몇 가지 있지만 오늘 급식으로 제공되는 고등어조림에는 ㉢ 청주와 ㉣ 된장을 첨가했어요.
> 학　　　　　생 : 청주와 된장요? 청주와 된장의 냄새 때문에 비린내가 안 나게 되는 건가요?
> 영 양 교 사 : 음… 청주와 된장이 갖는 특유의 냄새가 비린내 제거에 영향을 미칠 수도 있지만 비린내를 제거하는 원리는 각각 따로 있어요.

〈작성 방법〉

○ 괄호 안의 ㉠에 공통으로 해당하는 물질과 밑줄 친 ㉡의 냄새성분을 순서대로 제시할 것
○ 밑줄 친 ㉢, ㉣에 의해 생선 비린내가 제거되는 원리를 각각 1가지씩 제시할 것

 정답

① ㉠ 트리메틸아민옥사이드(trimethylamine oxide)　㉡ 트리메틸아민(trimethylamine)

② ㉢ 알코올이 조리과정에서 휘발될 때 비린내 성분도 함께 휘발된다.
　㉣ 된장의 단백질 입자는 강한 흡착력으로 비린내를 흡착하므로 비린내가 제거된다.

✎ **해설**

① 바다 생선(해수어)의 근육 내에 트리메틸아민옥사이드(TMAO)는 약한 단맛이 남

② 선도가 떨어지면 트리메틸아민옥사이드가 세균에 의한 환원으로 트리메틸아민(TMA)이 되어 생선 비린내가 증가함

③ 담수어의 경우 라이신(lysine)으로부터 생성된 피페리딘과 아세트알데히드가 축합되어 비린내가 강하게 남

---

7. 다음은 영양교사와 조리원의 대화 내용이다. 〈작성 방법〉에 따라 서술하시오. [4점]

〈작성 방법〉

○ 밑줄 친 ㉠에 해당하는 이유를 제시할 것

○ 괄호 안의 ㉡에 해당하는 성분의 명칭을 쓸 것

○ 밑줄 친 ㉢을 감소시키는 방법 2가지를 제시할 것

✎ 정답
----

① ㉠의 이유는 수산염이 피부를 자극하여 손이 따갑거나 가렵기 때문이다.

② ㉡ 갈락탄

③ ㉢ 첫째, 조리수에 1% 소금을 첨가하면 이 점질물은 응고되어 점성도 적고 국물도 맑아진다. 둘째, 토란을 조리할 때 쌀뜨물이나 소금물에 데친다.

✎ 해설
----

① 토란의 미끈거리는 점성물질인 갈락탄은 가열조리 중 국물에 녹아서 거품이 일어나 끓어 넘치는 원인이 되고, 국물을 걸쭉하게 하여 열전달이나 맛 성분의 침투를 방해함

② 토란의 아린 맛

- 페닐알라닌과 타이로신의 대사물질인 호모겐티신산(homogentisinic acid)에 의한 것임
- 소금물에 데치거나 물에 미리 담가 놓으면 제거됨

4. 다음은 영양교사와 학생이 나눈 대화 내용이다. 〈작성 방법〉에 따라 서술하시오. [4점]

> 영 양 교 사 : 오늘은 탕평채의 조리 방법에 대하여 알아보아요. 재료는 청포묵, 쇠고기, 숙
> 주나물, 미나리, 달걀, 김, 갖은 양념이 필요해요. 조리 과정에서 ㉠ <u>미나리는
> 끓는 물에 살짝 데친 후 재빨리 찬물에 헹구어서 물기를 꼭 짜두어요.</u>
>
> 학　　　　생 : 네.
>
> 영 양 교 사 : 달걀은 고명으로 사용하기 위해 흰자와 노른자를 분리하여 지단으로 만들어요.
>
> 학　　　　생 : 선생님, 그런데 집에서 프라이팬에 달걀을 깼는데 평소와 다르게 흰자가 넓게
> 퍼졌어요. 왜 그런가요?
>
> 영 양 교 사 : 일반적으로 ㉡ <u>달걀의 신선도가 떨어졌을 때 나타나는 현상</u>이라고 볼 수 있어요.
>
> 학　　　　생 : 선생님, 김이 재료 중에 들어있어서 질문하는데요. 김은 보통 검은색으로 보이
> 는데 저희 집에 있는 김은 ㉢ <u>붉은색</u>으로 변했어요.

―――――〈작성 방법〉―――――

○ 밑줄 친 ㉠의 색이 데치기 전에 비해 선명해지는 이유를 제시할 것(단, 효소와 관련한 내
용 제외)

○ 밑줄 친 ㉡에서 달걀 흰자의 pH 변화와 그 이유를 각각 제시할 것

○ 밑줄 친 ㉢에 해당하는 색소의 명칭을 쓸 것

🖋 **정답**
----

① ㉠ 색이 선명해지는 이유는 클로로필을 알칼리 용액과 반응하면 피톨기가 떨어져 나가 수용성인
녹색의 클로로필리드(chlorophyllide)로 되고, 계속하여 메틸에스터결합이 가수분해되어 수용성
의 진한 녹색의 클로로필린(chlorophylline)이 형성되기 때문이다.

② ㉡ 신선한 달걀흰자의 pH는 7.6이고, 달걀의 저장 중에 이산화탄소가 기공을 통하여 증발하여 pH
가 9.0~9.7로 높아진다.

③ ㉢ 피코에리트린

해설

① 녹색 채소를 물속에서 끓이면 조직이 파괴되어 휘발성 및 비휘발성의 유기산이 유리된다. 이 유기산은 클로로필에 작용하여 녹갈색의 페오피틴(pheophytin)으로 전환시킴

② 김의 색소
- 김의 색소 주성분은 적색의 피코에리트린, 녹색 클로로필, 노란색 카로티노이드 색소를 모두 갖고 있어 검은색을 띰.
- 김을 불에 구우면 피코에리트린이 많이 파괴되어 청색의 피코시안이 되고, 클로로필은 적게 파괴되어 청색과 녹색 색소가 합해져서 구웠을 때 청녹색이 됨
- 햇빛과 수분이 많을 때 클로로필은 많이 파괴되지만 적색의 피코에리트린은 적게 파괴되어 붉은색이 됨

③ 달걀의 저장 중 변화
- 된 난백의 묽은 난백의 변화
- 난황계수의 감소
- 공기집의 확대
- 오래된 달걀의 겉껍질은 매끄럽고 희다.
- pH의 변화 : 난황의 pH는 5.9~6.1이고, 저장 중에 pH가 6.8로 높아짐

7과목

조리원리

2022년 기출문제 A형

10. 다음은 영양교사와 실습생과의 대화이다. 〈작성 방법〉에 따라 서술하시오. [4점]

> 영양교사 : 오늘은 검정콩으로 콩조림을 만들 거예요. 먼저 콩을 불리도록 하지요.
> 실습생 : 네, 선생님. 그런데 저희 어머니는 콩을 불리거나 삶을 때 식소다(탄산수소나트륨, 중조)를 넣으시던데 저희도 식소다를 넣을까요?
> 영양교사 : ㉠ 식소다를 넣으면 불리는 시간을 단축할 수 있어요. 하지만 티아민이 파괴될 수 있으니 너무 많이 넣지 않는 게 좋아요. 우리는 ㉡ 콩을 1% 정도의 소금물에 불린 후, 불린 물을 넣어 삶을 거예요. 콩 불리기가 끝나면 충분히 삶아야 해요.
> 실습생 : 왜 충분히 삶아야 하죠?
> 영양교사 : 날콩에는 콩 비린내를 유발하는 효소인 ㉢ 리폭시제네이즈(lipoxygenase)가 들어 있기 때문에 가열을 통해 불활성화 시키는 것이 좋아요.

〈작성 방법〉

o 밑줄 친 ㉠의 이유를 서술할 것
o 밑줄 친 ㉡의 이유를 콩에 들어 있는 주요 단백질을 포함하여 서술할 것
o 밑줄 친 ㉢에 의해 콩 비린내가 유발되는 이유를 서술할 것

✎ **정답**

① ㉠의 이유는 알칼리성인 식소다가 콩의 헤미셀룰로스와 펙틴질을 분해하여 연화시키기 때문이다.

② ㉡의 이유는 대두를 소금물에 불린 후 가열하면 나트륨이 세포벽 펙틴의 마그네슘을 대체함으로써 훨씬 더 쉽게 용해되도록 하고, 대두의 주단백질인 글리시닌이 소금물에 용해되어 부드러워지고 열에 의해 식이섬유도 쉽게 연화되기 때문이다.

③ ㉢에 의해 콩 비린내가 유발되는 이유는 대두에는 불포화지방산인 리놀레산과 리놀렌산이 많아 공기 중의 산소와 접촉하면 리폭시제네이즈에 의해 쉽게 산화되어 핵산알 이라는 콩 비린내 유발 물질을 생성된다.

해설

1. 콩의 흡습성 증가 요인
   ① 물의 온도가 높을수록, 0.3%의 식소다 첨가, 0.2%의 탄산칼륨 첨가, 1%의 소금 첨가할 경우에 흡습성이 증가함
   ② 식소다를 과량 사용하면 비타민 B1을 파괴하고 쓴맛이 나게 하므로 주의함
2. 콩 비린내 생성 억제법
   ① 비린내의 원인이 되는 리폭시제네이즈는 열에 의해 불활성화되므로 100℃에서 5~10분 가열해야 비린내를 줄일 수 있음
   ② 대두나 콩나물을 삶을 때 뚜껑을 닫아 산소를 차단하면 콩 비린내 생성을 막을 수 있음

2022년 기출문제 B형

8. 다음은 영양교사와 학생의 대화이다. 〈작성 방법〉에 따라 서술하시오. [4점]

<작성 방법>

○ 바삭한 튀김을 만들기 위해 밑줄 친 ㉠을 사용하는 이유를 밀가루의 단백질 성분과 관련하여 2가지를 서술할 것.

○ 밑줄 친 ㉡이 생성되는 과정을 원인 물질을 포함하여 서술할 것

✎ **정답**

㉠ 글루텐이 많으면 튀김옷이 질겨지고 두꺼워져서 튀김 재료에서 수분이 증발하지 못하므로 튀김옷이 바삭하지 않고 눅눅하게 되므로 글루텐 함량이 낮은 박력분을 사용해야 튀김옷이 바삭바삭하고 질기지 않기 때문이다.

㉡ 유지를 발연점 이상으로 가열하면 유지 중 중성지질이 지방산과 글리세롤로 분해되며, 글리세롤은 탈수되어 아크롤레인(acrolein)을 생성한다.

✎ **해설** ....

1. 튀김옷

   ① 글루텐 함량이 낮은 박력분을 사용함

   ② 밀가루 중량의 1.5~2배의 물과 혼합하여 만들며 물의 온도는 15℃가 적당함

   ③ 밀가루가 듬성듬성 보일 정도로 섞고 튀기기 직전에 만들어서 사용함

2. 발연점(smoking point)

   ① 유지를 가열할 때 푸른 연기가 발생하는 온도임

   ② 유리지방산 함량이 많을수록, 사용횟수가 증가할수록, 이물질 함량이 많을수록, 유지의 정제도
   가 낮을수록, 튀김용 냄비의 표면적이 넓을수록 발연점이 낮아짐

제 **8** 과목

식품위생학

2. 전통적 급식시스템으로 운영되는 A 산업체 급식소(600끼니 점심 급식, 조리 종사원 10명 8시간씩 근무)의 B 영양사는 11월 ○○일 무생채, 숙채비빔밥, 된장국으로 점심 급식을 시행하였다. 점심 식사를 마치고 4시간 후 급식을 시식한 사람들에게서 구토, 복통, 설사 증상이 나타났다. 역학조사를 해 보니 평소 조리 종사원 수가 부족하여 손에 화농성 상처가 있는 조리 종사원이 작업에 그대로 투입되었음을 알게 되었고 원인 식품은 무생채로 규명되었다. 식중독을 유발한 미생물과 급식소 운영 현황에 관하여 다음 〈조건〉에 따라 기술하시오. [10점]

〈조건〉

○ 식중독을 유발한 미생물의 이름을 쓰고, 이 미생물이 생성한 식중독 유발물질의 이름과 특징을 4가지만 쓸 것
○ 급식생산성(1식당 작업시간(분))을 분석할 것. 이때 '1식당 작업시간'은 11월 ○○일 점심 한 끼니로 계산하고 모든 노동력은 점심 한 끼니를 생산하는 데에 사용된다고 가정할 것
○ 위생관리 개념을 적용하여, 3가지 메뉴(무생채, 숙채비빔밥, 된장국)의 조리 공정 차이를 비교하여 설명할 것

정답

① 황색포도상구균(staphylococcus aureus)이며, 이 세균이 생성하는 독소(enterotoxin)를 함유한 식품을 섭취함으로써 식중독이 발생한다. 특징은 첫째, Gram 양성 구균이고, 둘째, 포자를 형성하지 않는 통성혐기성균이나 호기성 조건에서 신속하게 증식한다. 셋째, 엔테로톡신은 내열성이 있고 100℃에서 60분 동안 가열해도 파괴되지 않고, 넷째. 잠복기가 2~4시간으로 짧다.
② 1식당 작업시간은 8분이다.
③ 무생채는 비가열조리공정, 숙채비빔밥은 가열조리 후 처리공정, 된장국은 가열조리공정이다.

해설

---

① 황색포도상구균(staphylococcus aureus)의 생육 조건은 최적온도는 30~37℃(중온균), pH는 6.8~7.2, Aw는 0.86 이상에서 증식하며 염도나 당도 15%에서도 증식이 가능함

② 1식당 작업시간 : 일정기간의 총 노동시간(분) / 일정기간의 제공한 총 식수
- 80시간 × 60분 = 4,800분 /600식 = 8분 / 식

③ 교육부에서 학교급식 HACCP모델을 개발할 때 모든 음식을 조리공정별로 비가열조리공정, 가열조리 후 처리공정, 가열조리공정의 세 가지로 구분하여 작업공정도의 흐름을 작성함
- 비가열조리공정 : 가열공정이 없는 조리공정(생채류, 샐러드류, 샌드위치류 등)
- 가열조리 후 처리공정 : (나물류, 비빔밥류, 냉면류)
- 가열조리공정 : 가열조리 후 바로 배식하는 조리공정(탕류, 찌개류, 볶음류, 튀김류, 구이류 등)

2015년도 기출문제 A형 / 기입형

10. 다음 괄호 안의 ㉠, ㉡에 해당하는 명칭을 순서대로 쓰시오. [2점]

> 많은 사람들이 가공식품에 거부감을 표시하는 데 반해 자연식품에 대해서는 선호 경향을 보이지만, 자연식품을 섭취할 때에도 각별한 주의가 필요하다. 예를 들면, 피마자 씨에는 독성물질로 리신(ricin)과 (㉠)이/가 있어 섭취를 자제해야 한다. 또한 야생 느타리와 비슷한 모양인 (㉡)은/는 독버섯으로 갓 표면이 처음에는 옅은 황갈색이지만 점차 자갈색으로 바뀌고 밤에 청백광을 내는 특징이 있다. 이 버섯을 섭취하면 심한 위장장애를 일으킬 수 있다.

정답

㉠ 리시닌(ricinine) ㉡ 화경버섯

해설

---

① 피마자씨의 독성분은 리신(ricin), 리시닌(ricinine)이 있음

② 독버섯의 종류
- 화경버섯의 유독성분은 람테롤(lamterol)임
- 알광대버섯의 유독 성분은 아마톡신(amtoxin), 팔로톡신(phallo-tonxin)임
- 광대버섯의 유독 성분은 무스카린(muscarine), 무시몰(muscimol), 이보텐산(ibotenic acid)임
- 미치광이버섯의 유독 성분은 사일로시빈(psilocy-bin), 사일로신(psilocin)암
- 독깔대기버섯의 유독 성분은 클리티딘(clitidien), 아크로멜산A, B (acrometic acid A,B)임

4. 다음은 탄저에 관한 내용이다. 괄호 안의 ㉠에 해당하는 명칭과 그 정의를 쓰시오. 또한 괄호 안의 ㉡, ㉢에 해당하는 명칭을 순서대로 쓰시오. 탄저균의 아포는 매우 저항력이 강하여 일반적인 살균법으로는 사멸되지 않는다. 이러한 아포 형성 균을 사멸하는 가장 효과적인 멸균법의 명칭을 쓰고, 그 방법을 서술하시오. [5점]

> ○ 탄저는 결핵, 큐(Q)열과 함께 대표적인 (㉠)(으)로 감염경로에 따라 (㉡), 피부 탄저 그리고 장 탄저로 구분한다.
> ○ 장 탄저는 오염된 초식동물이나 이를 먹은 육식동물의 고기 등을 섭취할 때 감염되며, 구토, 복통, 설사, 토혈, 혈변 등의 위장 증상이 나타난 후 (㉢)(으)로 진행되어 사망에 이르기도 한다.

정답

① ㉠ 인축(인수)공통전염병 ㉡ 폐탄저(호흡기) ㉢ 패혈증
② 고압증기멸균법, 고압멸균기를 사용하여 120℃에서 15~20분간 처리하여 세균의 영양세포와 포자도 완전히 사멸된다.

해설

① 탄저는 제1급감염병임
② 원인균은 Bacillus anthracis으로 그람양성간균, 포자를 형성하는 호기성균임
③ 환자 발생시 환자 병소에서 균이 소멸될 때까지 철저히 관리하고, 병소 분비물이나 오염된 물건은 고압증기 멸균 또는 소각 처분함

14. 다음은 세균의 전형적인 성장곡선을 나타낸 그래프이다.

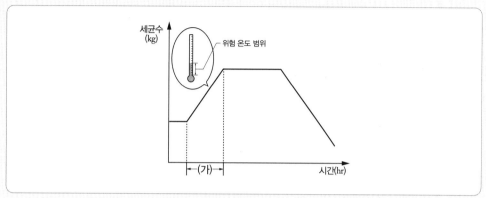

(가) 구간의 온도를 측정해 보니 위험 온도 범위(**temperature danger zone**) 내에 있는 것을
확인할 수 있었다. (가) 구간의 명칭을 쓰고 급식에서 열장보관과 냉장보관이 어떻게 이루
어져야 하는지 위험 온도 범위의 온도를 제시하며 설명하시오. [4점]

🖊 정답

(가) 대수기(지수기), 위험온도 범위는 5~57℃로 미생물적 안전성을 위해 냉장음식의 온도를 5℃ 이
하로 낮추고 열장음식은 57℃ 이상으로 유지하여야 한다.

🖊 해설

① 미생물의 성장곡선(생육곡선)은 유도기, 대수기, 정지기, 사멸기로 구분함
   - 유도기(lag phage)는 세포의 수는 증가하지 않고 크기만 증가하는 초기단계
   - 대수기(exponential or log(logarithmic) phage)는 왕성한 세포분열로 인하여 세포의 수가 급
     격히 증가하는 단계
   - 정체기(stationary phase)는 생균수의 변화가 나타나지 않는 단계
   - 사멸기(death phase)는 사멸로 인하여 생균수의 양이 감소하는 시기
② 식품위생학에서는 5~57℃를 위험온도범위라고 하며, 미생물적 안전성을 위해 식품의 온도를 5℃
   이하로 낮추거나 57℃ 이상으로 유지하여야 함

7. 다음은 HACCP 시스템을 적용하여 학교급식을 운영하는 영양교사가 CCP(Critical Control Point)와 CP(Control Point)의 한계 기준 일부를 문서화한 것이다. CCP와 CP 를 결정하는 단계 이전에 진행하여야 할 원칙의 명칭과 그 내용을 쓰고, 괄호 안의 ㉠, ㉡ 한 계기준 중 시간관리 측면에서의 관리기준을 설명하시오. [5점]

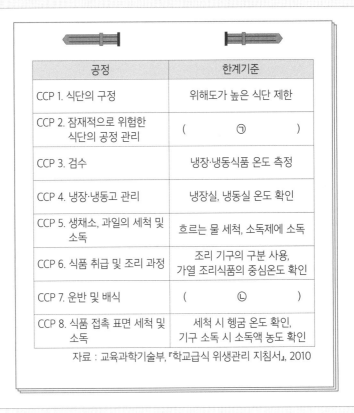

공정	한계기준
CCP 1. 식단의 구정	위해도가 높은 식단 제한
CCP 2. 잠재적으로 위험한 식단의 공정 관리	(㉠)
CCP 3. 검수	냉장·냉동식품 온도 측정
CCP 4. 냉장·냉동고 관리	냉장실, 냉동실 온도 확인
CCP 5. 생채소, 과일의 세척 및 소독	흐르는 물 세척, 소독제에 소독
CCP 6. 식품 취급 및 조리 과정	조리 기구의 구분 사용, 가열 조리식품의 중심온도 확인
CCP 7. 운반 및 배식	(㉡)
CCP 8. 식품 접촉 표면 세척 및 소독	세척 시 헹굼 온도 확인, 기구 소독 시 소독액 농도 확인

자료 : 교육과학기술부, 「학교급식 위생관리 지침서」, 2010

✏️ **정답**

① 위해요소분석(Hazard Analysis), 위해요소분석은 식품안전에 영향을 줄 수 있는 위해요소와 이를 유발할 수 있는 조건이 존재하는지 여부를 판별하기 위하여 필요한 정보를 수집하고 평가하는 일 련의 과정으로 생물학적 위해요소, 화학적 위해요소, 물리적 위해요소로 구분한다.

② ㉠ 혼합음식은 배식 직전에 혼합한다.

㉡ 열장음식 57℃ 이상 유지. 열장 불가 시 조리 후 2시간 이내에 배식을 완료한다.

해설

HACCP의 7원칙

① 위해요소분석(Hazard Analysis)

② 중요관리점(Critical Control Point, CCP) 결정

③ 각 CCP에 대한 한계기준(Critical Limit, CL) 설정

④ 각 CCP에 대한 모니터링 방법 설정

⑤ 개선조치의 설정

⑥ 검증방법의 설정(verification)

⑦ 문서화 및 기록 유지방법 설정

5. 다음은 분변 오염지표균의 특성을 비교한 표이다. 괄호 안의 ㉠, ㉡에 해당하는 균의 명칭을 순서대로 쓰시오. [2점]

오염지표균 / 특성	(㉠)	(㉡)
그람 염색성	양성	음성
각종 동물 분변에서의 검출 상황	대부분의 동물에서 검출	동물에 따라서는 불검출
냉동식품에서의 생존성	일반적으로 높음	일반적으로 낮음
건조식품에서의 생존성	높음	낮음
생선, 채소에서의 검출률	일반적으로 높음	낮음

정답

㉠ 장구균   ㉡ 대장균군

 해설

① 식품의 미생물 오염 정도와 안정성 여부를 평가하기 위한 위생지표균에는 대장균군, 대장균, 장구균, 일반세균수(총 균수), 장내세균 등이 있음

② 지표미생물의 조건은 온혈동물의 장관 내에 많은 수가 존재해야 하고 병원성 미생물과 함께 존재해야 하며, 검사방법이 간단하고 국제적으로 통일되어 있어야 함

14. 다음은 식중독에 관련된 내용이다. 〈작성 방법〉에 따라 순서대로 서술하시오. [4점]

> 최근 식중독은 계절에 상관없이 발생하는 경향이 있으므로 학교급식에서는 식중독 지수에 항상 관심을 기울이고, 식중독 예방 원칙을 철저히 준수하여야 한다. 세균성 식중독 중 화농성 세균으로 알려진 (㉠)에 의한 식중독은 주로 봄~가을철에 발생한다. 한편 돼지장염균으로 알려진 (㉡)은/는 저온에서도 증식 가능하므로, 이 균에 의한 식중독은 늦가을 및 겨울철에 특히 주의해야 할 필요가 있다.

〈작성 방법〉

○ ㉠, ㉡에 해당하는 식중독균의 명칭을 쓸 것
○ 세균성 식중독 예방의 3원칙을 쓸 것
○ 식중독 지수 100의 의미를 서술할 것

✏️ 정답

① ㉠ 황색포도상구균 ㉡ 여시니아 식중독
② 세균성 식중독 예방의 3원칙은 첫째, 손씻기 등 개인위생을 철저히 한다. 둘째, 식품은 가열 살균해서 섭취한다. 셋째, 음식을 보관할 때는 보온 60℃ 이상, 냉장 5℃이하로 보관한다.
③ 식중독 지수 100이란 초기 균수가 1,000개인 식품을 3.5시간 방치 후 섭취했을 때 식중독에 걸릴 확률이 매우 높음을 의미한다.

✏️ 해설

① 세균성 식중독은 감염형, 독소형 및 중간형 식중독으로 구분
② 여시니아 식중독은 돼지장염균으로 최근 들어 식중독 발생건수가 점차 증가하고 있고 여시니아 엔테로코르티카(Yersinia enterocolitica)에 의해 감염됨
③ 식중독 지수는 온도와 미생물 증식 기간의 관계를 고려하여 식중독 발생 가능성을 백분율로 나타낸 값이며, 날씨와 환경 변화에 따른 식중독 발생 위험도 단계(관심, 주의, 경고, 위험)로 나누어 제공함

8. 다음은 조개독에 대한 설명이다. 괄호 안의 ㉠, ㉡에 해당하는 물질의 명칭을 순서대로 쓰시오. [2점]

> 일부 조개류의 독성은 채취시기에 따라 달라진다. 적조가 지속되는 기간의 섭조개, 홍합, 가리비에 존재하는 마비독인 (㉠)은/는 섭취 후 30분 뒤부터 입술과 혀에 마비를 유발한다. 1~4월에 채취하는 모시조개, 굴, 바지락에 있는 강한 독성 물질인 (㉡)은/는 섭취 후 24~48시간 뒤부터 식욕부진, 복통, 구토를 유발하고, 피하 및 출혈반점을 동반하며 심하면 의식장애를 일으킬 수 있다. 이들 조개류의 독성 물질은 가열에 의해서도 잘 파괴되지 않으므로 섭취에 주의해야 한다.

 정답

㉠ 삭시톡신　㉡ 베네루핀

 해설

① 조개류 독에는 삭시톡신(saxitoxin)과 베네루핀(venerupin)이 있음
② 삭시톡신은 열에 안정한 신경마비성 독소를 함유함
③ 베네루핀은 열에 안정한 간독소를 함유하고 있으며, pH 5~8에서는 열에 안정하여 100℃에서 1시간 이상 가열해도 파괴되지 않음

6. 다음은 영양교사와 학생의 대화이다. 〈작성 방법〉에 따라 서술하시오. [5점]

> 학   생 : 선생님, 어제 책에서 식품의 제조·가공 시 착색제나 발색제가 식품첨가물로 사용된다는 내용을 읽었습니다. 착색제와 발색제가 무엇인가요?
>
> 영 양 교 사 : 착색제는 (㉠)이고, 발색제는 (㉡)입니다.
>
> 학   생 : 우리가 즐겨먹는 햄이나 소시지에도 착색제나 발색제가 사용되나요?
>
> 영 양 교 사 : 햄이나 소시지 제조 시 아질산나트륨이라는 발색제를 사용할 수 있어요. 아질산나트륨은 육류 가공 시 식품의 발색제로 사용·허가된 식품첨가물이지만 아민과 반응하여 발암물질인 (㉢)이/가 생성될 수 있습니다.
>
> 학   생 : 그러면 식품첨가물은 위험한 물질인가요?
>
> 영 양 교 사 : 그렇지는 않아요. 안전한 사용을 위해 첨가물 사용 기준이 ADI와 식품 섭취량 등을 고려하여 설정 되었습니다.

〈작성 방법〉

○ 괄호 안의 ㉠, ㉡에 들어갈 착색제와 발색제의 정의를 순서대로 제시할 것

○ 괄호 안의 ㉢에 들어갈 물질의 명칭을 쓸 것

○ 밑줄 친 ADI와 한글 명칭을 쓰고, 그 의미를 서술할 것

정답

① ㉠ 식품에 색깔을 부여하거나 원래의 색깔을 다시 재현시켜주는 식품첨가물이다. ㉡ 발색제는 그 자체에는 색이 없고 식품의 색을 안정화시키거나, 유지 또는 강화시키는 식품첨가물이다.

② ㉢ N-nitrosamine

③ 일일섭취허용량(acceptable daily intake, ADI), 일일섭취허용량은 인간이 어떤 화학물질(식품첨가물)을 일생동안 섭취해도 독성을 나타내지 않는 섭취량을 말한다.

해설

① 착색제는 인공적으로 착색시켜 색을 복원하거나 외관을 보기 좋게하기 위하여 사용하는 첨가물로 천연색소와 합성색소가 있음

② 아질산나트륨은 식품 중의 2급 아민과 반응하여 발암물질인 N-nitrosamine을 생성하기도 하지만 보툴리누스균 억제작용이 있어 보존료와 식중독의 방지제로서의 역할도 함

③ 일일 섭취 허용량 = 무독성량(최대무작용량) / 안전계수(100))

- 최대무작용량을 구한 다음 종간 차이(동물과 사람), 인간 내 차이(사람과 사람)을 고려하여 100분의 1수준으로 결정함

6. 다음은 세균성 식중독에 대한 설명이다. 괄호 안의 ㉠, ㉡에 해당하는 식중독의 명칭과 예방법을 순서대로 쓰시오. [2점]

> 최근 학교급식에서 제공된 달걀이 함유된 제품에서 발생하여 사회적으로 큰 관심을 받은 감염형 식중독 중 하나인 (㉠)은/는 달걀뿐만 아니라 어패류, 생선류, 우유 및 유제품 등과 그 가공품이 원인식품이며, 5~10월에 많이 발생한다. 가장 효과적인 예방법은 섭취 전에 (㉡)처리 하는 것이며, 처리 후에는 재오염이 되지 않도록 주의해야 한다.

📝 정답

㉠ 살모넬라 ㉡ 가열

📝 해설

① 살모넬라 식중독의 원인균은 살모넬라 티피뮤리움(S. typhimurium), 살모넬라 엔터리티디스(S.enteritidis), 돼지콜레라균(S. chloraesuis) 등으로 포자를 형성하지 않는 그람음성 간균으로 통성혐기성 세균이며, 발육 최적온도 37~43℃, 5℃ 이하의 냉장 온도에서도 생존이 불가능함
② 살모넬라균은 비교적 열에 약하므로 62~65℃에서 20분 가열, 74℃ 이상에서 1분 이상 가열하면 사멸함

2019년도 기출문제 B형

2. 다음은 식품첨가물인 표백제에 대한 설명이다. 괄호 안의 ㉠, ㉡에 해당하는 명칭을 순서 대로 쓰고, ㉡의 사용 기준과 밑줄 친 부분에 대한 이유를 서술하시오. [4점]

> 식품의 색소와 발색물질을 파괴하여 무색으로 변화시키기 위해 사용되는 표백제는 산화 표백제와 환원표백제로 분류된다. 현재 식품에 사용이 허가된 산화표백제인 (㉠)은/는 살 균제로도 사용되며 최종식품의 완성 전에 분해 또는 제거되어야 한다. 한편 환원표백제인 (㉡)은/는 산화표백제와는 달리 색이 복원되는 단점이 있다.

🖉 정답

① ㉠ 과산화수소 ㉡ 아황산나트륨
② ㉡ 아황산나트륨의 사용 기준은 일일섭취허용량(ADI)를 이산화황(SO_2)으로 환산하여 0.7 mg/kg 이내로만 섭취하면 안전하다.
③ 이유는 이산화황(SO_2)의 환원력이 작용하는 동안은 효과가 있으나 이산화황이 소실되어 환원력 이 없어지면 공기 중의 산소에 의해 다시 변색이 일어난다.

🖉 해설

① 산화표백제
- 산화작용에 의해 색소를 파괴하여 무색 또는 백색으로 변화시킴
- 과산화수소, 과산화벤조일, 차아염소산나트륨 등
② 환원표백제
- 색소 중의 산소를 제거하는 환원작용에 의해 색소를 표백하는 것으로 식품 중에 이 표백제가 잔 존하지 않으면 공기 중의 산소에 의해 색이 복원되는 경우가 많음
- 메타중아황산나트륨, 메타중아황산칼륨, 아황산나트륨, 산성아황산나트륨, 차아황산나트륨, 무 수아황산 등

4. 다음은 세균성 식중독 원인균의 특성에 관한 내용이다. 괄호 안의 ㉠, ㉡에 해당하는 용어를 순서대로 쓰시오. [2점]

> 세균성 식중독은 발병 메커니즘에 따라 감염형, 독소형, 중간형으로 나눌 수 있다. 황색포도상구균(*Staphylococcus aureus*)과 클로스트리디움 보튤리눔균(*Clostridium botulinum*)은 대표적인 독소형 식중독을 일으키는 그람양성균이다. 그러나 산소요구성은 서로 달라 황색포도상구균은 (㉠)(이)고, 클로스트리디움 보튤리눔균은 (㉡)(이)다.

✎ **정답**

㉠ 통성혐기성 ㉡ 편성혐기성

✎ **해설**

① 독소형은 식중독균이 증식할 때 생기는 특유의 독소를 음식물과 함께 섭취하여 일어나는 식중독으로 감염형에 비해 잠복기가 짧고 발열이 없으며 증상은 감염형과 거의 같음

② Clostridium Botulinum 식중독은 치명률이 가장 높고, 균이 혐기성 상태에서 증식할 때 생산하는 독소에 의해 발생함

2020년도 기출문제 B형

9. 다음은 파툴린 독소에 관한 내용이다. 〈작성 방법〉에 따라 서술하시오. [4점]

> 우리나라를 비롯한 여러 나라에서 수출입 시 규제되고 있는 파툴린(patulin)은 <u>과일 주스와 과일 주스 농축액, 과일 통조림이나 병조림 등의 가공품에서 검출되고 있다.</u> 그러나 알코올 음료에서는 알코올 발효에 의해 파괴되므로 파툴린이 검출되지 않는다. 국내에서는 사과 주스의 파툴린 허용기준치를 50 ㎍/kg으로 설정하여 규제하고 있다.

〈작성 방법〉

> ○ 파툴린 독소명이 유래된 대표적인 원인균의 명칭을 쓰고, 중독 증상 1가지를 제시할 것
> ○ 밑줄 친 내용의 이유 2가지를 제시할 것

🖉 정답

① 페니실리움 익스펜슘(penicillium expansum), 중독 증상은 신경독으로 출혈성 폐부종이 나타난다.
② 이유는 첫째, 산에 안정하여 각종 과일 주스에서 발견되고, 둘째, 내열성이 강해서 통조림이나 병조림 식품을 오염시킨다.

🖉 해설

① 파툴린은 신경독으로 그람양성과 그람음성 세균에 항균성이 있음
② 사과 뷔패균은 페니실륨 익스팬슘(Penicillium expansum)에서 파툴린은 대량 생산됨
③ 알칼리에 불안정하고 산성에 안정하다. 비타민 C 첨가 시 곰팡이 독소의 활성을 잃음
④ 증상은 출혈성 폐부종, 초조, 불안, 경련, 호흡곤란, 부종, 궤양 등이 나타남

4. 다음은 감염병에 관한 내용이다. 괄호 안의 ㉠에 해당하는 병원균의 명칭과 ㉡에 해당하는 세균의 종명을 순서대로 쓰시오. [2점]

> 병원성대장균에 의해 야기되는 (㉠)감염증은 법정감염병으로 분류하고 있다. 이 감염증의 대표적인 원인균인 E. *coli* O157:H7은 미국에서 햄버거 식중독균으로 처음 확인된 이후 우리나라에서도 이 균에 의한 식중독 발생 빈도가 증가하고 있다. 또한, 비브리오 패혈증도 법정감염병으로 그 병원체는 장염비브리오 식중독균인 *Vibrio parahaemolyticus*와 구별되며, 사람의 상처에서 분리되어 (㉡)(으)로 명명하고 있다.

 정답

㉠ 장출혈성대장균감염증 ㉡ 불니피쿠스(vulnificus)

해설

① 장출혈성대장균감염증 : 제2급감염병
② 비브리오 불니피쿠스(Vibrio vulnificus) : 제3급감염병
③ 미생물의 공식적 명칭인 학명(scientific name)은 속(genus)명과 종(species)명을 조합한 이명법(binomial nomenclature)을 사용함
- 속(genus)명 : 라틴어의 실명사 단수형으로 쓰며 첫 글자는 대문자로 씀
- 종(species)명 : 형태, 향기, 색상 등의 특징을 나타내는 형용사형 혹은 형용사화된 명사를 쓰며 명사의 소유격을 라틴어로 씀
  <예> Vibrio(속명) vulnificus(종명)

5. 다음은 학교 급식소의 콩나물 무침 조리공정의 흐름도이다. 〈작성 방법〉에 따라 서술하시오.[4점]

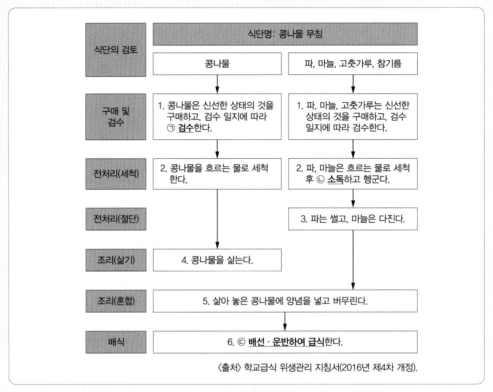

〈출처〉 학교급식 위생관리 지침서(2016년 제4차 개정).

〈작성 방법〉

○ 밑줄 친 ㉠에서 물품 대금 청구의 근거로 사용되는 서식의 명칭을 제시할 것

○ 밑줄 친 ㉡의 소독 방법을 소독액, 소독액 농도(ppm) 및 침지시간을 포함하여 제시할 것[단, 학교급식 위생관리 지침서(2016년 제4차 개정)에 근거할 것]

○ HACCP 적용 시, 밑줄 친 ㉢의 배식 공정에서 중요 관리점을 시간과 관련하여 1가지 제시할 것

🖊 정답 --

① ㉠ 납품서

② ㉡ 염소계 살균·소독제의 경우 유효염소농도 100~130ppm 또는 이와 동등한 살균효과가 있는 소독제(식품첨가물 표시제품)에 5분간 침지(혹은 소독제 사용설명서의 표기된 방법대로 사용)한 후 냄새가 나지 않을 때까지 먹는 물로 헹군다. (학교급식 위생관리 지침서 2021년 제5차 개정 근거)

③ ㉢ 가열조리 후 처리 공정 음식은 혼합 시점이 배식 직전에 이루어지도록 공정을 관리하여 병원성 미생물 증식을 억제하고, 조리완료 후 최대 2시간 이내에 배식을 완료할 수 있도록 조리완료 시간을 조정한다.(학교급식 위생관리 지침서 2021년 제5차 개정 근거).

🖊 해설 --

① 납품서는 발주서와 대조하여 일치하여야 하고, 납품서는 물품 대금 청구의 근거로 이용되는 서류이므로 잘못 기록된 사항이 있을 경우 반드시 정정하도록 함

② 발주서는 구매요구서를 근거로 구매담당자가 작성하여 업체에 송부함

2022년 기출문제 A형

7. 다음은 식품위생 교육 자료이다. 〈작성 방법〉에 따라 서술하시오. [4점]

○ 정의 및 배경
- 2020. 12. 29. 개정된 식품위생법에 따르면 식품을 제조·가공·조리 또는 보존하는 과정에서 감미, 착색, 표백 또는 산화방지 등을 목적으로 사용되는 물질을 (㉠)(이)라고 한다.
- 그 예로 보존료, 살균료, 산화방지제, ㉡유화제, 발색제 등이 있다.

… (중략) …
- 사용 기준 : 유화제를 사용하는 식품에서 그 효과를 얻으려면 유화제의 ㉢HLB 값이 배합 소재의 특성에 가장 적합한 것을 사용할 필요가 있다.
- 안전성 : 아직까지 대상 식품 및 사용량에 대한 사용 제한의 기준은 없다.

… (중략) …
○ 발색제
- 정 의 : 식품의 색을 안정화하거나, 유지 또는 강화하는 (㉠)(이)다.
- 사용 기준: 식육가공품(식육추출가공품 제외) 및 기타 동물성가공식품(기타 식육이 함유된 제품에 한함)에서 0.07g/ kg(이온 잔존량 기준) 이하로 사용하여야 한다.
- 안전성 : 아질산나트륨은 식품 중의 아민과 반응하여 발암물질인 (㉣)을/를 생성하기도 한다.

〈작성 방법〉

○ 괄호 안의 ㉠, ㉣에 해당하는 용어를 순서대로 제시할 것
○ 밑줄 친 ㉡, ㉢의 정의를 각각 서술할 것

✏️ **정답**
---
① ㉠ 식품첨가물   ㉣ N-니트로소아민
② 첫째, ㉡의 유화제는 물과 기름 등 섞이지 않는 두 가지 또는 그 이상의 상(phases)을 균질하게 섞어주거나 유지시키는 식품첨가물이다.
둘째, ㉢의 HLB값은 유화제는 분자 내에 친수성기와 친유성(소수성)기를 가지고 있으므로 이들 기의 범위 차에 따라 친수성 유화제와 친유성 유화제로 구분하고 있으며 이것을 편의상 수치로 나타낸 것이다.

✏️ **해설**

1. 식품첨가물

   ① 정의 : 우리나라 식품위생법 제2조제2호에서는 식품첨가물이란 "식품을 제조·가공·조리 또는 보존하는 과정에서 감미(甘味), 착색(着色), 표백(漂白) 또는 산화방지 등을 목적으로 식품에 사용되는 물질을 말한다. 이 경우 기구(器具)·용기·포장을 살균·소독하는 데에 사용되어 간접적으로 식품으로 옮아갈 수 있는 물질을 포함함

   ② 사용 목적 : 식품의 제조 및 가공 중에 식품의 풍미 및 외관을 향상시키고, 영양소를 보존 및 강화하며, 식품의 품질과 보존성을 향상시키고 식중독을 예방하는 목적으로 사용함

2. 아질산나트륨은 식품 중의 2급 아민과 반응하여 발암물질인 N-니트로소아민을 생성하기도 하지만 보툴리누스균의 억제작용도 있어 보존료와 식중독의 방지제로서의 역할도 함

3. HLB값(hydrophilic lipophilic balance)은 친수성-친유성(소수성) 균형값

   · HLB 값이 유중수적형 유화제는 3~10이고, 수중유적형의 유화제는 10~18임

7. 다음은 식품위생 교육 자료이다. 〈작성 방법〉에 따라 서술하시오. [4점]

○ HACCP(Hazard Analysis and Critical Control Point)은 식품의 원재료 생산에서부터 제조, 가공, 보존, 유통 등 최종 소비자가 섭취하기 전까지의 각 단계에서 발생할 우려가 있는 (㉠)을/를 규명하고, 이를 중점적으로 관리하기 위한 중요관리점을 결정하여, 자주적이며 체계적이고 효율적인 관리로 식품의 안전성, 건전성 및 품질을 확보하기 위한 과학적인 위생관리 기준이다. 우리나라는 HACCP의 명칭을 '위해요소중점관리기준'에서 '(㉡)'(으)로 변경하였다.

○ HACCP은 기존의 품질 관리를 통한 후조치 방법과는 다르게 원료 및 공정별로 ( )을/를 미리 파악하여 중점적으로 관리하도록 하는 선조치의 방법이다.

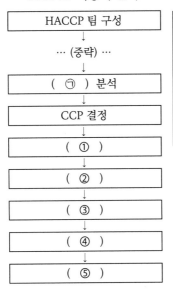

〈HACCP 적용의 순서〉

HACCP 팀 구성
… (중략) …
(㉠) 분석
CCP 결정
(①)
(②)
(③)
(④)
(⑤)

┌─────〈보 기〉─────┐
a. 개선조치 방법 수립
b. 검증절차 및 방법 수립
c. 문서화 및 기록유지 설정(확립)
d. CCP 모니터링 체계 확립
e. CCP의 ㉢ 한계기준 설정
└──────────────────┘

〈작성 방법〉

○ 괄호 안의 ㉠, ㉡에 들어갈 용어를 순서대로 제시할 것.

○ 밑줄 친 ㉢의 정의를 서술할 것.

○ 괄호 안의 ①~⑤에 들어갈 기호(a~e)를 〈보기〉에서 골라 순서대로 제시할 것

정답

① ㉠ 위해요소　㉡ 식품 및 축산물 안전관리인증기준
② ㉢ 한계기준(Critical Limit)"이란 중요관리점에서의 위해요소관리가 허용범위 이내로 충분히 이루어지고 있는지 여부를 판단할 수 있는 기준이나 기준치를 말한다.
③ e, d, a, b, c

해설

1. HACCP : 위해요소 분석과 중요관리점의 영문 약자로서 해썹 또는 식품 및 축산물 안전관리인증기준이라 함
   ① "위해요소분석(Hazard Analysis)"이란 식품·축산물 안전에 영향을 줄 수 있는 위해요소와 이를 유발할 수 있는 조건이 존재하는지 여부를 판별하기 위하여 필요한 정보를 수집하고 평가하는 일련의 과정을 말함
   ② "중요관리점(Critical Control Point : CCP)"이란 안전관리인증기준(HACCP)을 적용하여 식품·축산물의 위해요소를 예방·제어하거나 허용 수준 이하로 감소시켜 당해 식품·축산물의 안전성을 확보할 수 있는 중요한 단계·과정 또는 공정을 말함
2. HACCP 12절차
   (1) 준비 5단계
      ① HACCP팀의 구성
      ② 제품설명서 작성
      ③ 제품 용도 확인
      ④ 공정흐름도 작성
      ⑤ 공정흐름도 현장 확인
   (2) HACCP의 7원칙
      ① 위해요소 분석
      ② 중요관리점(CCP) 결정
      ③ 중요관리점(CCP) 한계기준 설정
      ④ 중요관리점(CCP) 모니터링체계 확립
      ⑤ 개선조치 방법 수립
      ⑥ 검증절차 및 방법 수립
      ⑦ 문서화 및 기록유지 설정(확립)

8과목　식품위생학

제 **9** 과목

단체급식

2014년도 기출문제 A형 / 기입형

14. 다음은 정량발주방식으로 발주한 식품 **A**와 시간에 따른 재고량을 나타낸 그래프이다. (가) 기간 중 식품 **A**를 발주한 날짜와 그 시점의 발주량은 몇 **kg**인지 쓰시오. [2점]

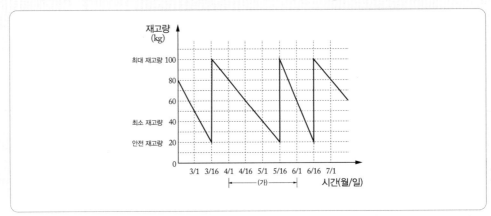

🖉 정답

① 발주 날짜 : 5/1 ② 발주량 : 80 kg

🖉 해설

① 정량발주방식
  - 재고가 일정 수준에 도달하면 일정 발주량을 발주하는 방식
  - 발주점은 발주해서 입고까지 조달기간 중에 예측되는 소비량과 안전재고량의 합계가 재고로 남아있는 시점임
② 정기발주방식
  - 정기적으로 일정한 발주 시기에 부정량을 발주하는 방식
  - 발주량은 최대 재고량에서 현재 재고량을 차감한 양

15. 학생 수가 100명인 A 초등학교는 공동 조리장을 가지고 있으며 음식을 대량 생산하여 인근의 3개 학교(학생 수: 50명, 50명, 100명)로 운송해 주는 급식시스템으로 급식을 운영하고 있다. 또한 A 초등학교에서는 ㉠ 한 번에 많은 분량을 조리하면 품질이 저하될 수 있는 메뉴의 경우 100인분씩 3번을 조리하고 있다. A 초등학교에서 운영하고 있는 급식시스템과 밑줄 친 ㉠의 조리방식은 무엇인지 각각 쓰시오. [2점]

정답

① 중앙공급식 급식체계   ② 분산조리(batch cooking)

해설

① 중앙공급식 급식체계는 공동조리장(central kitchen)에서 대량 생산한 음식을 운송하여 인접한 단위급식소 (satellite kitchen)에서 재가열 후 배식하는 급식 체계
② 분산조리 시 고려사항
- 전처리 된 채소는 조리 전까지 1회 생산량(batch) 씩 나누어 냉장 보관함
- 조리하는 시간, 운반시간, 제공된 음식이 소모되는 속도 등을 모두 고려하여 분산조리 시간을 계획함
- 분산 조리된 음식들이 질감이나 맛에 차이가 있으므로 서로 혼합되지 않도록 함

6. 다음 그림은 A 영양교사가 신규 조리원에게 급식소의 운영에 관하여 설명하는 장면이다.

밑줄 친 ㉠의 저장원칙은 무엇인지 쓰시오. 그리고 밑줄 친 ㉡의 재고관리 유형의 명칭과 그 장점을 2가지만 쓰시오. [4점]

🖊 정답

㉠ 선입선출의 원칙
㉡ 영구재고조사, 장점은 특정 시점의 재고자산을 쉽게 파악하고, 재고관리의 통제가 용이하다.

🖊 해설

① 저장의 5가지 원칙은 품질보존의 원칙, 선입선출의 원칙, 분류저장 체계화의 원칙, 저장 위치 표식의 원칙, 공간 활용 극대화의 원칙임
② 영구재고조사는 입·출고되는 물품의 수량을 계속해서 기록함으로써 현재 남아 있는 물품의 목록과 수량을 확인할 수 있도록 관리하는 방식

4. 다음은 학교 급식에서 식재료를 구매하려고 할 때 공급업체 선정과 계약에 관한 내용이다. ( ) 안에 들어갈 계약 방법을 쓰고, 이 방법의 장점과 단점을 각각 2가지씩 서술하시오. [5점]

> 공급업체를 선정할 때는 업체의 위생 관리 능력, 운영 능력, 위생적인 운송 능력 등을 고려한다. 구매 계약은 구매하려는 물품의 추정 가격에 따라 계약 방법이 다르다. 즉, 일정 금액 이상의 물품은 반드시 ( )을/를 통해서 계약해야 한다.

정답

일반경쟁입찰, 장점은 첫째, 공평하고 경제적이고, 둘째, 구매 계약 시 생길 수 있는 의혹과 부조리를 미연에 방지할 수 있다. 단점은 첫째, 절차 단계가 복잡하므로 긴급 시 조달 시기를 놓치기 쉽고, 둘째, 업자 담합으로 낙찰이 어려워 질 때가 있다.

해설

① 경쟁입찰계약에는 일반경쟁입찰, 지명경쟁입찰, 제한경쟁입찰이 있음
② 일반경쟁입찰은 계약에 관한 사항을 신문, 관보, 게시판 등에 공고하여 불특정 다수의 공급업체를 대상으로 입찰자를 모집하고, 상호 경쟁을 통해 미리 정한 가격 범위 내에서 타당성 있는 가격을 입찰서에 제시한 입찰자를 선정하여 계약을 체결하는 방법
③ 지명경쟁입찰은 구매자 측에서 지명한 몇 개의 업체에만 공고하여 응찰자를 모집하는 방법
④ 제한경쟁입찰은 일정한 자격 조건을 구비한 업체만이 경쟁 입찰에 참가할 수 있도록 제한하는 방법

2015년도 기출문제 B형 / 서술형

3. LPG 가스를 사용하는 조리실에 배기구와 가스 누출 경보기를 설치하려고 한다. 이들의 설치 위치를 정할 때 고려해야 할 점을 LNG 가스와 비교하여 서술하시오. 그리고 「학교 급식의 위생·안전관리 기준」에 의거하여 작업 위생 관리에서 식품을 가열 조리 할 때 지켜야 할 사항을 일반 식품과 패류로 구분하여 서술하시오. 「학교 급식의 위생·안전관리 기준, 교육부령 제14호, 2013.11.22., 일부개정」 적용). [5점]

정답

① LPG 가스 누출 감지기는 바닥면에서 30cm 이내 위치에 설치하고, LNG 가스 누출 감지기는 천장 면과 30 cm 이내에 설치한다.
② 일반 식품 중심온도 75℃ 1분 이상 가열 조리하고, 패류는 85℃ 1분 이상 가열조리한다.

해설

① LPG (액화석유가스)는 공기보다 무거워서 가스가 누출되는 바닥으로 가스가 쌓임
② LNG (액화천연가스)는 공기보다 가벼워 가스 누출 시 천장 상부에 모임

③ 학교급식 HACCP의 조리과정 한계기준은 식품 중심온도 75℃(패류 85℃) 1분 이상 가열 조리함. 관리방안은 가열 조리 식품은 기준 온도 이상 가열되었음을 온도계로 식품중심온도 확인함(밥·국과 같이 끓이는 음식은 온도계 사용 불필요)

2016년도 기출문제 A형

7. 다음은 영양교사가 배식하기 직전에 해야 하는 2가지 업무에 대한 매뉴얼과 서식이다. 괄호 안의 ㉠, ㉡에 해당하는 용어를 순서대로 쓰시오. [2점]

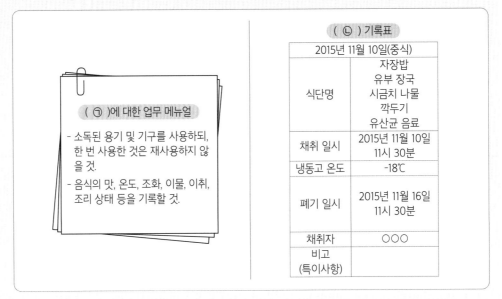

(㉠)에 대한 업무 매뉴얼

- 소독된 용기 및 기구를 사용하되, 한 번 사용한 것은 재사용하지 않을 것.
- 음식의 맛, 온도, 조화, 이물, 이취, 조리 상태 등을 기록할 것.

(㉡) 기록표

2015년 11월 10일(중식)	
식단명	자장밥 유부 장국 시금치 나물 깍두기 유산균 음료
채취 일시	2015년 11월 10일 11시 30분
냉동고 온도	-18℃
폐기 일시	2015년 11월 16일 11시 30분
채취자	○○○
비고 (특이사항)	

✎ 정답

㉠ 검식   ㉡ 보존식

✎ 해설

① 검식은 조리가 완료되면 배식 전 1인 분량의 음식을 상차림 한 후 외관평가(1인분의 양, 영양적인 균형, 색과 형태), 관능평가(맛, 질감, 풍미), 위생평가(적온급식, 청결도) 등 음식의 품질을 확인한 후 평가하여 검식일지에 기록함

② 보존식은 조리·제공한 식품을 매회 1인 분량을 보존식 전용 용기에 담아 -18℃ 이하에서 144시간 이상(6일) 보관하여야 함

8. 다음은 영양교사와 현장 실습을 나온 학생과의 대화이다. 밑줄 친 내용과 같이 설비하는 이유가 무엇인지 쓰시오. [2점]

 정답

작업 동선을 단축하고 능률적인 작업이 이루어지도록 하기 위함이다.

해설

① 작업분석을 하여 작업구역 간의 연결성, 시설·설비 간의 상호 연관성을 고려하여 작업구역별 공간을 구분함
② 일반 작업구역은 생물학적, 화학적, 물리적 위해요소가 제거되지 않은 구역임
③ 청결작업구역은 식품조리 과정상 오염되어서는 안 되는 장소 또는 오염에 대한 방어 장치 및 기계가 설치된 장소나 구간임

5. 다음의 (가)는 대형 급식소의 영양사가 종사원의 직무설계에 반영하고자 '종사원 제안함'을 운영하여 제안 건수를 조사한 후 나타낸 그래프이고, (나)는 영양사가 이를 반영하여 직무설계의 전략을 세운 내용이다. (나)의 밑줄 친 ㉠, ㉡ 전략은 무엇인지 그 명칭을 순서대로 쓰고, 장점을 각각 1가지 서술하시오. [4점]

(가)

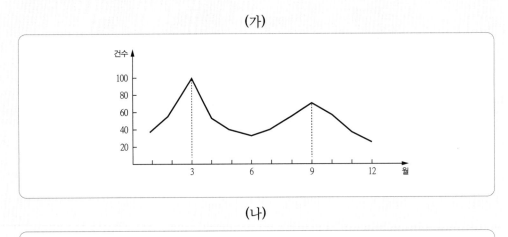

(나)

○ 제안 건수가 많아진 3월에 ㉠ 조리업무만 담당하던 조리종사원에게 배식업무를 하도록 하는 등 다른 직무를 추가시켰더니 제안 건수가 줄어들고 안정적으로 급식 운영이 이루어짐

○ 다시 제안 건수가 증가한 9월에 동기부여가 충분하지 않다고 판단하여 ㉡ 조리작업 이외에도 조리작업 계획, 평가의 일부를 관여하게 하는 등 책임과 권한을 주는 직무설계 전략을 세움

✎ **정답**

① ㉠ 직무확대   ㉡ 직무충실화
② ㉠ 직무확대, 장점은 종업원의 직무 성과와 만족도를 증대시킬 수 있다.
   ㉡ 직무충실화, 장점은 종업원의 직무에 대한 책임감과 성취감이 상승되고 직무의 자율성을 부여할 수 있다.

✎ **해설**

① 직무설계(job design)는 개개인이 수행해야 할 과업과 책임의 범위를 정하는 것임
② 직무설계 방법에는 직무 단순화 , 직무 순환, 직무 확대가 있음
③ 직무 충실화

4. 다음은 영양교사가 효율적인 급식 청소 작업을 위해 실시한 교육사례이다. 이에 해당하는 작업관리의 연구 기법과 원칙의 명칭을 순서대로 쓰시오. [2점]

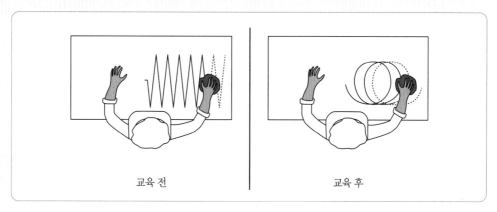

교육 전　　　　　　　　　　교육 후

 정답

동작연구, 동작경제의 원칙

 해설

① 작업관리 연구는 방법연구와 작업측정이 있음
② 방법연구에는 공정분석, 작업분석, 동작연구가 있음
③ 동작연구(motion study)는 작업자의 작업과정을 동작으로 분류한 후 가장 경제적이고 합리적인 표준 동작으로 작업이 이루어질 수 있도록 작업방법을 표준화하는 연구로 바안즈에 의한 동작경제의 원칙에는 신체 사용에 관한 원칙, 작업장 배치에 관한 원칙, 기기 및 설비의 설계에 관한 원칙이 있음
④ 작업측정에는 시간연구법, 워크샘플링, 실적기록법, 표준자료법, PTS법이 있음

12. 학교에서 꽁치를 구입하여 조림을 하려고 한다. 다음 〈조건〉에 따라 계산 과정을 포함하여 꽁치의 출고계수와 발주량(**kg**)을 구하시오. 그리고 식품 구매 시 잔반 감소를 위한 객관적 수요예측 방법 중 가장 대표적인 시계열 분석예측법 2가지를 제시하고 설명하시오. **[4점]**

〈조건〉
○ 급식 인원 1,000명
○ 꽁치 1인 분량 50 g, 꽁치 폐기율 50%

✎ 정답

① 출고계수는 100 / (100 - 폐기율)이므로 꽁치의 출고계수는 100 / (100 - 50)로 계산하면 2이다.
② 폐기율이 있는 식품인 발주량은 1인 분량 × 예측식수 × 출고계수이므로 꽁치의 발주량은
   50(g) × 1,000 × 2로 계산하면 100 kg이다.
③ 이동평균법과 지수평활법이 있다. 이동평균법은 최근 일정 기간 동안의 판매기록에 대한 평균치를 산정하여 수요를 예측하는 방법이고, 지수평활법은 가장 최근의 식수를 이용하여 식수의 안정성에 따라 가중치를 부여한 식수 예측방법이다.

✎ 해설

① 폐기율이 없는 식품
 • 발주량 = 메뉴 레시피 1인 분량 × 예측 식수
② 폐기율이 있는 식품
 • 발주량 = 메뉴 레시피 1인 분량 × 예측 식수 × 출고계수
 • 출고계수 = 100 / (100 - 폐기율)
③ 시계열분석법은 과거의 매출이나 수량 자료로부터 시간적인 추이나 경향을 파악하여 미래의 수요를 예측하는 방법
 • 지수평활법의 예측식수 = α × 가장 최근의 제공 식수 + (1-α) × 가장 최근의 예측 식수

8. 다음은 학교에서 일어난 사례이다. 〈작성 방법〉에 따라 논하시오. [10점]

> 초등학교 1학년인 창식이는 어릴 때부터 우유를 섭취하고 나면 두드러기가 나고 속이 불편하고 메스꺼움을 느끼며 심하면 복통과 설사를 하였다. 그래서 학교에서 우유 급식을 신청하지 않았다. 그러나 학교에서 학예회가 있던 날 식단표에 나와 있는 점심을 먹고 친구 할머니가 건네준 밀크쉐이크를 먹었다. 그 후 창식이는 심한 복통과 설사를 하여 담임교사에게 통증을 호소하였다. 담임교사는 급히 영양교사에게 연락하여 창식이의 증상이 식중독과 관련이 있는지 문의하였다. 영양교사는 창식이의 목과 가슴에 두드러기와 붉은 발진이 생긴 것을 발견하였으나, 점심과 밀크쉐이크를 함께 먹은 다른 친구들에게는 이러한 증상이 없었다. 창식이는 급히 병원으로 이송되어 여러 가지 검사를 받은 결과, 증상의 원인이 음식에 기인한 한 가지 질환 때문이라고 하였다.

〈작성 방법〉

○ 창식이의 증상으로 의심할 수 있는 질환을 제시할 것
○ 이 질환의 증상이 발생하는 기전을 설명하되, 3가지 핵심 요소를 포함할 것
○ 이 질환에 따른 영양문제를 제시할 것
○ 이와 같은 질환을 예방하기 위하여 영양교사가 학교에서 일반적으로 무엇을 해야 하는지 3가지 방안을 제시할 것
○ 위의 4가지 항목을 논하되, 논리 및 체계성을 갖추어 내용을 구성할 것

정답

① 우유 알레르기(allergy)
② 알레르기를 유발하는 물질은 알레르겐이며. 우유의 경우에는 카제인과 α-락트알부민, β-락트알부민, β-락토글로불린이 항원으로 작용하는 단백질이 알레르기를 일으키는 주요성분이다.
③ 우유는 칼슘의 보고로서 섭취를 줄이면 대체하는 것이 쉽지 않고 식물성 식품에 함유된 칼슘은 흡수율이 떨어지기 때문에 충분한 칼슘 공급이 어려울 수 있으므로 필요에 따라서는 칼슘제를 별도로 섭취해야 한다.
④ 3가지 방안은 첫째, 가정통신문 등을 활용, 보호자 확인을 통해 특정 식품별 알레르기 유병학생을 조사하고, 둘째, 해당 학생에 대한 영양상담 및 식생활 교육 등 특별관리를 실시. 셋째, 대체식품을 제공한다.

🖋 해설

① 식품 알레르기 증상은 보통 식품 섭취 후 수분에서 수시간 내에 위장관 증상(구토, 복통, 설사, 소화불량)과 피부증상(두드러기, 가려움증, 피부염)이 나타나며, 드물게는 호흡기 증상이 올 수도 있음

② 알레르기 유발식품으로부터 학생의 건강을 보호하기 위하여 학교급식 식단표에 알레르기 유발식품 정보공지를 의무화하고 있음

- 알레르기 유발 식재료의 종류와 공지 및 표시방법(학교급식법 시행규칙 제7조)

> <종류> ① 난류, ② 우유, ③ 메밀, ④ 땅콩, ⑤ 대두, ⑥ 밀, ⑦ 고등어, ⑧ 게, ⑨ 새우, ⑩ 돼지고기, ⑪ 복숭아, ⑫ 토마토, ⑬ 아황산류(권장) ⑭ 호두, ⑮ 닭고기, ⑯ 쇠고기, ⑰ 오징어, ⑱ 조개류(굴, 전복, 홍합 포함), ⑲ 잣
> · 식약처장이 고시한 식품 중 원재료는 의무적용, 기타 식재료와 성분은 권장사항(「식품등의 표시기준」참조

- 공지방법 : 알레르기 유발 식재료가 표시된 월간 식단표를 가정통신문 및 학교 홈페이지에 안내, 주간 식단표를 식사장소(식당 또는 교실)에 게시

6. 다음 (가)는 급식소에서 이루어지는 업무이고. (나)는 딸기의 품질 감별 카드이다.

(가)

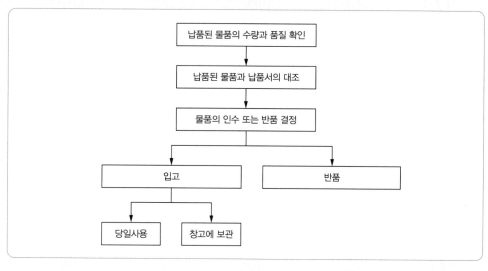

(나)

품명	적합	부적합
딸기	• 선별이 잘된 것으로 재래종·개량종 모두 굵은 것 • 크기와 모양이 균일하고 꼭지가 싱싱한 것 • 외피에 손상이 없고 숙도가 좋으며 적색이 짙고 선명한 것 • 과육이 단단하고 독특한 향기가 강하여 당도가 높은 것 • 토사, 이물 부착이 없고 숙도가 균일한 것	• 낱알이 작고 모양이 고르지 못한 것 • 미숙과 또는 기형과가 혼입된 것 • 착색이 불량한 것 • 육질이 단단하지 못한 것 • 손상 및 압상 등으로 부분적으로 짓물러진 것 • 변색·변질 부위가 있는 것

(가)에 적합한 용어와 (가)를 진행할 때 (나)를 이용한 품질확인에 방법에 해당하는 명칭을 순서대로 쓰시오. [2점]

🖊 정답

㉠ 검수   ㉡ 육안검사

🖊 해설

① 검수는 납품된 식재료와 물품의 품질, 선도, 위생, 수량, 규격이 주문내용과 일치하는지 검사하여 수령 여부를 판단하는 과정임

② 검수절차는 ① 납품된 물품의 품질 및 수량 확인, ② 납품물품과 납품서의 대조, ③ 물품의 인수 또는 반품, ④ 인수 물품의 입고 및 저장 ⑤ 검수기록 작성

10. 다음은 대한고등학교 급식실에서 조리원을 훈련하는 장면이다. 〈작성 방법〉에 따라 서술하시오. [4점]

────〈작성 방법〉────

○ 보존식을 보관하는 목적을 서술할 것

○ 위 상황에 사용된 훈련 방법을 쓰고, 장점과 단점을 각각 1가지씩 서술할 것

정답

① 보존식은 법적 의무사항으로 급식을 위생적으로 관리하고, 식중독 발생 시 역학조사를 통한 원인 규명을 하기 위함이다.
② 직장 내 훈련, 장점은 학습자의 수준에 맞는 실제적인 교육훈련이 가능하며, 비용이 적게 들고, 단점은 다수의 종업원을 대상으로 교육을 수행하는 것은 불가능하고, 전문적 지식과 기능 지도가 어렵다.

해설

교육훈련의 분류
① 수행 장소에 따른 분류
- 직장 내 훈련(On - the - Job Training: OJT) : 직장 내부에서 수행하는 교육으로 주로 직무와 연관된 지식과 기술을 직속상관으로부터 직접적으로 습득하는 훈련 방법
- 직장 외 훈련(Off - the - Job Training: Off-JT) : 직장 내 훈련에서 습득하기 어려운 지식을 습득하기 위한 목적이나 사원들의 경력개발 차원에서 외부의 교육기관이나 연수기관에서 제공하는 각종 교육 훈련 프로그램에 참여하도록 하는 방법
② 교육 대상에 따른 분류
- 신입사원 교육 훈련
  - 기초직무훈련(Orientation)
  - 실무훈련
- 현직자 교육 훈련 : 현직 종업원이나 관리자를 대상으로 하는 직장 내 또는 직장 외 교육 훈련

14. 다음은 단체급식소에서 사용하는 소독법 중 하나를 설명한 내용이다. 〈작성 방법〉에 따라 서술하시오. [4점]

> ○ 260~280nm 파장에서 살균력이 강하다.
> ○ 일광소독과 더불어 균에 대한 (   )이/가 생기지 않으며 잔류효과가 없다.
> ○ 칼, 도마, 컵 등의 집기류 소독에 사용되며 <u>소독 시 집기류를 포개어 두어서는 안 된다.</u>

〈작성 방법〉

> ○ 위 내용을 모두 만족하는 물리적 소독법의 명칭을 쓸 것
> ○ (   ) 안에 들어갈 용어를 쓰고 위에서 언급되지 않은 장점 1가지를 쓸 것
> ○ 밑줄 친 부분에 대한 이유를 이 소독법의 특징과 관련하여 서술할 것

✎ **정답**

① 자외선 소독
② 광재 활성화, 장점은 표면 살균에 적합하다.
③ 물질을 투과하지 못해 컵이나 기구 등을 포개거나 엎어두면 살균 효과가 없으므로 컵 등의 내면이 자외선 램프 쪽으로 향하고 겹치지 않게 1단씩만 배치한다.

✎ **해설**

① 자외선 소독의 유의사항은 살균력은 습도가 높으면 감소하므로 식기류를 세척하여 건조시킨 후 자외선 소독기에 넣도록 함
② 단점은 단시간의 조사로는 살균효과가 없음

10. 다음은 일정 기간 중 1일 평균치를 제시한 급식소의 현황 자료이다. 〈작성 방법〉에 따라 순서대로 서술하시오. [4점]

○ 급식 제공 식수 : 560식
○ 급식 작업 인원수 : 4명
○ 작업 시간 : 2명은 각각 8시간, 2명은 각각 6시간
○ 작업 시간당 인건비 : 20,000원

〈작성 방법〉

○ 제공된 자료로만 작성할 것
○ 작업 시간당 식수를 계산할 것
○ 1식당 인건비를 계산할 것
○ 산출된 결과들을 활용하는 방안 2가지를 서술할 것

정답

① 작업 시간당 식수는 20식/시간이고, 1식당 인건비는 1,000원 /식이다.
② 활용하는 방안 2가지는 첫째, 노동 생산성지표인 작업 시간당 식수는 인력채용의 기준으로 이용할 수 있고, 둘째, 비용생산성인 1식당 인건비는 인건비 상승에 따른 급식 단가 조절에 이용할 수 있다.

해설

① 급식 생산성지표는 노동 생산성지표와 비용 생산성 지표가 있음
- 노동 생산성 지표
- 작업 시간당 식수 : 일정기간 제공한 총 식수 / 일정기간의 총 노동시간
- 일정기간의 총 노동시간 : (2×8) + (2×6) = 28시간
- 작업 시간당 식수 : 560식 / 28시간 = 20식 / 시간
- 1식당 노동시간 : 일정기간의 총노동시간(분) /일정기간 제공한 총식수
② 비용생산성지표
- 1식당 인건비 : 일정기간의 인건비 / 일정기간 제공한 총 식수
- 일정기간의 인건비 : 28시간 × 20,000원 = 560,000원
- 1식당 인건비 : 560,000원 / 560식 = 1,000원 / 식
- 1식당 총비용 : 일정기간의 총비용 / 일정기간 제공한 총 식수

3. 다음은 영양교사가 급식소의 시설 설비를 개선하기 위하여 인근의 다른 학교 급식 시설을 벤치마킹한 내용이다. 〈작성 방법〉에 따라 순서대로 서술하시오. [4점]

급식소의 문제점	(가) 실내에 위치한 ㉠ 검수공간 인공조명의 조도가 낮아서 어두움. (나) 조리장 바닥에 문제가 발생하여 교체할 필요성이 있음.
영양교사의 활동 사항	(가) 시설 설비가 잘 갖추어진 급식 시설을 둘러보고 시설 관련 예산 등에 관한 충분한 설명을 들었음. (나) 학교에 돌아 온 후 교장에게 시설 설비 개선 방안을 보고하였음.

〈작성 방법〉

○ 급식소의 시설 설비 기준은 학교급식 위생관리 지침서(2016년 제4차 개정)를 적용할 것
○ 밑줄 친 ㉠ 조도의 기준치를 제시할 것
○ 영양교사의 활동 사항 중 (나)에 해당하는 의사소통의 유형을 구체적으로 쓸 것
○ 급식소 조리장의 바닥 재질 조건 2가지를 서술할 것

정답

① ㉠ 540 Lux
② (나) 수직적 의사소통 중 상향식 의사소통
③ 바닥 재질 조건은 첫째, 바닥은 청소가 용이하고 내구성이 있어야 하고, 둘째, 미끄러지지 않고 쉽게 균열이 가지 않는 재질로 하여야 한다.

해설

① 작업구역별 조도는 전처리 구역 220 Lux, 기타 구역 110 Lux 임
② 수직적 의사소통
- 하향식 의사소통(downward communication)은 조직의 상위 부문으로부터 하위 계층 부문으로 전달되는 의사소통으로 조직 내의 회의, 공문발송, 서면, 전화, 편지, 메모, 조직 내 공무와 관련된 업무 지침 시달, 정책에 대한 설명회 등이 해당됨
- 상향적 의사소통(upward communication) 조직의 하위 부문으로부터 상위 계층 부문으로 메시지가 전달되는 의사소통으로 업무보고 및 개선을 위한 제안, 성과보고, 문제점과 애로사항 보고 등이 해당됨

11. 다음은 ○○사업체 급식소에서 이루어진 영양사와 조리팀원의 대화내용이다. 〈작성 방법〉에 따라 서술하시오. [4점]

> 영 양 사 : 현재 우리 급식소의 조리팀장이 공석이어서 신규채용을 하려고 합니다. 이번에는 ㉠ 우리 급식소에 재직 중인 조리팀원들을 대상으로 모집할 계획이니 팀장 자격 요건을 충족하는 분은 모두 지원하시기 바랍니다.
>
> 조 리 팀 원 : 영양사님! 그럼 조리팀원 1명이 감소하게 되는데, 추가 확보 계획은 있나요?
>
> 영 양 사 : 물론입니다. 우리 급식소의 소재지인 ○○시청 게시판에 공고하여 조리팀원 1명을 채용한 후, ㉡ A 연수원에 위탁하여 직무교육훈련을 3일간 시행할 예정입니다. 주변 분들에게 조리팀원 신규채용 정보를 많이 홍보해 주시기 바랍니다.
>
> 조리팀원 전체 : 네, 알겠습니다.

〈작성 방법〉

○ 밑줄 친 ㉠에 해당하는 모집 방법의 장점 2가지를 제시할 것
○ 밑줄 친 ㉡에 해당하는 직무교육훈련 방법의 단점 2가지를 제시할 것

🖋 정답

① ㉠ 내부모집의 장점은 첫째, 능력이 검증된 인력을 채용할 수 있어 안정적이고, 둘째, 내부 승진에 의한 모집 시 구성원들의 동기유발을 할 수 있다.

② ㉡ 직장외교육의 단점은 첫째, 작업시간이 감소하며, 둘째, 교육훈련에 따른 경제적 부담이 증가한다.

🖋 해설

① 모집은 내부모집과 외부모집 방법이 있음
  • 내부모집은 조직 내부에서 적합한 사람을 추천하여 채용하는 형태로 종업원의 승진, 전직, 재고용 등의 형태로 충원하는 방법
  • 외부모집은 조직 외부에서 새로운 경험과 능력을 가진 외부인을 고용하는 형태로 대부분의 조직에서 직원을 채용하는 방법

② 직장외교육의 장점은 다수의 종업원을 대상으로 통일적이고 전문적인 교육 훈련을 실시할 수 있고, 전문적 지도자 밑에서 훈련에 전념할 수 있어 훈련 효과가 큼

10. 다음은 ○○사업체 급식소에서 작성한 재무제표의 한 종류이다. 〈작성 방법〉 따라 서술하시오. [4점]

(㉠)

2019. 10. 01. ~ 2019. 10. 31

(단위 : 천 원)

항목		금액
총 매출액		80,000
급식원가	재료비(식재료비)	56,000
	인건비	12,000
	급여	10,000
	4대 보험	950
	퇴직 충당금	500
	일용직 잡금	550
	경비	8,000
	가스비	1,500
	수도광열비	3,000
	통신비	250
	소모품비	1,000
	수선비	1,500
	잡비	750
총 원가		76,000
경상 이익		4,000

- 월별 급식원가 지출 목표는 매출액 대비 재료비, 인건비, 경비의 비율을 각각 45%, 20%, 10%로 책정

〈작성 방법〉

○ 괄호 안의 ㉠에 들어갈 이 문서의 명칭을 쓰고, 작성 목적 1가지를 제시할 것
○ 급식소의 월별 지출 목표와 일치시키기 위해 3가지 급식원가 항목 중 매출액 대비 비율을 조정해야 하는 항목 2가지를 찾고, 금액을 얼마나 조정해야 하는지 각각 제시할 것

정답

① ㉠ 손익계산서

② 작성 목적은 회계기간 동안의 급식소의 경영성과와 비용의 효율적인 관리 여부를 파악하기 위함이다.

③ 재료비, 인건비

④ 재료비 3천6백만 원(36,000,000), 인건비 1천6백만 원(16,000,000)

해설

① 재무제표(financial statement)는 기업의 경영활동 중 자본의 흐름이나 상태를 숫자로 나타낸 표로 대차대조표와 손익계산서가 있음

● 대차대조표
- 가장 기초적인 재무보고서로 특정 시점에서 기업의 재무상태를 나타내며, 자산, 부채, 자본의 항목으로 기록

● 손익계산서
- 일정 기간 동안의 기업의 경영성과를 나타내는 회계보고서로 수익, 비용, 순이익의 관계를 보여 줌
- 수익은 총매출액을, 비용은 수익을 발생시키기 위해 지출한 비용이며, 일정 기간 동안 발생한 모든 수익에서 총비용을 차감하여 순이익 또는 순손실이라고 함

② 원가 분석

● 식재료비
- 식재료비에 대한 관리는 총매출액에 대한 식재료비 비율로 하며, 식재료비 비율이 일정한 범위를 벗어나지 않도록 통제함
- 식재료비 비율 = $\dfrac{\text{식재료비}}{\text{총매출액}} \times 100$

● 인건비
- 인건비에 대한 관리는 총매출액에 대한 인건비 비율로 하며, 인건비 비율이 급식소의 특성에 따라 일정한 범위를 벗어나지 않도록 통제함
- 인건비 비율 = $\dfrac{\text{인건비}}{\text{총매출액}} \times 100$

● 수익성
- 총매출액에 대한 순수익의 비율을 수익성 비율이라고 함
- 단체급식소에서는 일반적으로 수익성 비율을 0으로 관리함

6. 다음은 재고 관리에 관한 그림이다. 〈작성 방법〉에 따라 서술하시오. [4점]

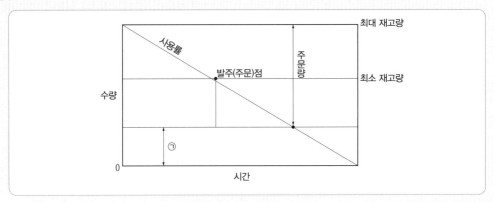

〈작성 방법〉

○ 최소 재고량 시점에서 발주하는 이유를 제시할 것

○ ㉠의 필요성을 제시할 것

○ 영구 재고와 실사 재고 관리 방법의 차이점을 제시할 것

 정답

① 최소 재고량 시점에서 발주하는 이유는 최소한의 안전재고량과 조달 기간의 사용량을 고려한 최소재고량에 도달하면 적정량을 주문하여 최대재고량을 보유하도록 관리해야 하기 때문이다.

② ㉠의 안전재고량은 예기치 못한 상황이 발생할 것을 대비한 재고량이다.

③ 영구 재고와 실사 재고 관리 방법의 차이점은 첫째, 영구 재고 조사는 입·출고 되는 물품의 수량을 계속해서 기록함으로써 현재 남아 있는 물품의 목록과 수량을 확인할 수 있도록 관리하는 방식이고, 실사 재고 조사는 주기적으로 창고에 보유하고 있는 물품의 목록 및 수량을 직접 확인하여 기록하는 방법이다.

해설

① 재고관리 기법

- 최소-최대 관리기법(minimum-maximum method) : 안전재고 수준을 유지하면서, 재고량이 최소(mini)에 이르면 발주하고, 납품되면 최대(max)의 재고량에 이르는 관리 방식
- ABC 관리방식(ABC inventory control methrood) : 재고를 물품의 가치에 따라 A, B, C의 세 등급으로 분류하여 그에 따라 차별적으로 관리하는 방식

② 재고관리의 유형

- 영구재고조사(perpetual inventory) : 적절한 재고량 유지에 관한 정보를 제공하여 특정시점의 재고자산을 쉽게 파악할 수 있어 효율적인 재고 관리에 도움이 됨
- 실사재고조사(physical inventory) : 일정 기간마다 재고의 목록과 수량을 창고에서 실제로 확인하여 기록하는 방법이므로 신뢰성 있는 정보를 제공함

2022년 기출문제 A형

4. 다음은 영양교사와 실습생과의 대화이다. 괄호 안의 ㉠에 해당하는 문서와 괄호 안의 ㉡에 해당하는 용어를 순서대로 쓰시오. [2점]

 정답

㉠ 축산물등급판정 확인서
㉡ 축산물이력관리시스템(축산물이력제)

해설

1. 소고기, 돼지고기 등에 대한 축산물등급판정 확인서 원본을 제출받아 축산물품질평가원(http://www.ekape.or.kr) 「축산물유통정보서비스」 조회를 통해 진위 여부를 확인함
2. 축산물 이력제는 소, 돼지, 닭/오리/계란 등의 출생 등 사육과 축산물의 생산부터 판매에 이르기까지 정보를 기록, 관리하여 위생·안전의 문제를 사전에 방지하고 문제가 발생할 경우에 그 이력을 추적하여 신속하게 대처하기 위한 제도임

3. 다음은 ○○고등학교의 보존식 기록표이다. 〈작성 방법〉에 따라 서술하시오. [4점]

2021년 11월 2일(중식)	
식단명	카레라이스 두부된장국 ⊙ 닭고기스테이크 그린샐러드 배추김치 사과주스
채취 일시	2021년 11월 2일 화요일 11시
ⓒ 냉동고 온도	
폐기 일시	© 2021년 ( )월 ( )일 ( )요일 ( )시
채취자	○○○
비고 (특이사항)	

〈작성 방법〉

ㅇ 「학교급식법 시행규칙(개정 2021.1.29.)」에 근거하여 밑줄 친 ⊙에서 식중독을 예방하기 위해 전처리 시 주의할 점과 조리 시 중심온도 측정 기준을 각각 서술할 것.
ㅇ 「학교급식법 시행규칙(개정 2021.1.29.)」에 근거하여 밑줄 친 ⓒ의 기준과 밑줄 친 ©에 해당하는 내용을 순서대로 제시할 것.

✏️ 정답

① ⊙ 첫째, 전처리 시 주의할 점은 교차오염을 방지하기 위하여 육류 전용 싱크대를 이용하고, 세척에 사용하는 용수는 먹는 물을 사용한다. 식재료 전처리는 1회 소량씩 작업하며 식품의 내부 온도가 15℃를 넘지 않는 것이 좋다.
둘째, 조리 시 중심온도 측정 기준은 닭고기의 중심온도가 75℃ 1분 이상 가열되게 가열조리를 행해야 한다.
② ⓒ의 기준은 -18℃이하에서 144시간(6일) 이상, 냉동 보관한다.
©의 폐기일은 2021년 11월 8일 월요일 11시 이후에 폐기한다.

해설

1. 전처리의 일반적 준수사항
　　① 식재료를 어패류, 육류, 채소류 등으로 구분하여 교차오염을 방지함
　　② 전처리 과정은 25℃ 이하에서 2시간 이내에 수행함
　　③ 전처리된 식재료 중 온도관리가 필요한 식자재는 조리 시까지 냉장고(실)에 보관함
　　④ 전처리에 사용되는 세척수는 반드시 먹는 물을 사용하여 이물질이 완전히 제거(육안검사) 될 때까지 세척하고, 세척수는 세정대 용량의 2/3내에서 사용하고, 세척수가 다른 식재료 또는 조리된 음식 등에 튀지 않도록 주의함
2. 가열조리
　식재료 속의 식중독균의 영양세포를 사멸시킬 수 있도록 식품 중심온도가 75℃(패류 85℃) 1분 이상 가열조리를 행해야 함
3. 보존식
　　① 배식 직전에 소독된 보존식 전용용기 또는 멸균봉투(일반 지퍼백 허용)에 조리·제공된 모든 음식을 종류별로 각각 1인분 분량(150g 이상 권장)을 담아 -18℃이하에서 144시간(6일) 이상, 냉동 보관함
　　② 완제품 형태로 제공한 가공식품은 원 상태(포장 상태)로 보관함
　　③ 보존식 기록지에 날짜, 시간, 채취자 성명을 기록하여 관리하고, 보존식 투입 시 냉동고(실)의 온도를 기록함

✎ MEMO

합격이 보인다!
영양교사 과년도 기출문제풀이
영양교사 임용시험 대비

2021. 1. 19. 초 판 1쇄 발행
2022. 5. 19. 개정 1판 1쇄 발행

저자와의
협의하에
검인생략

지은이 | 서윤석
펴낸이 | 이종춘
펴낸곳 | BM (주)도서출판 성안당
주소 | 04032 서울시 마포구 양화로 127 첨단빌딩 3층(출판기획 R&D 센터)
     | 10881 경기도 파주시 문발로 112 파주 출판 문화도시(제작 및 물류)
전화 | 02) 3142-0036
     | 031) 950-6300
팩스 | 031) 955-0510
등록 | 1973. 2. 1. 제406-2005-000046호
출판사 홈페이지 | www.cyber.co.kr
ISBN | 978-89-315-8752-4 (13590)
정가 | 20,000원

이 책을 만든 사람들
책임 | 최옥현
기획·진행 | 박남균
교정·교열 | 디엔터
표지·본문 디자인 | 디엔터, 박현정
홍보 | 김계향, 이보람, 유미나, 서세원, 이준영
국제부 | 이선민, 조혜란, 권수경
마케팅 | 구본철, 차정욱, 오영일, 나진호, 강호묵
마케팅 지원 | 장상범, 박지연
제작 | 김유석

■ 도서 A/S 안내

성안당에서 발행하는 모든 도서는 저자와 출판사, 그리고 독자가 함께 만들어 나갑니다.
좋은 책을 펴내기 위해 많은 노력을 기울이고 있습니다. 혹시라도 내용상의 오류나 오탈자 등이 발견되면 "좋은 책은 나라의 보배"로서 우리 모두가 함께 만들어 간다는 마음으로 연락주시기 바랍니다. 수정 보완하여 더 나은 책이 되도록 최선을 다하겠습니다.
성안당은 늘 독자 여러분들의 소중한 의견을 기다리고 있습니다. 좋은 의견을 보내주시는 분께는 성안당 쇼핑몰의 포인트(3,000포인트)를 적립해 드립니다.

잘못 만들어진 책이나 부록 등이 파손된 경우에는 교환해 드립니다.

영양교사
과 년 도
기출문제풀이

영양교사
과 년 도
기출문제풀이